L'AMÉNAGEMENT
DES
ÉTABLISSEMENTS PUBLICS

APPLICATION AUX

SANATORIUMS ET HOPITAUX

CHAUFFAGE. — VENTILATION. — ÉCLAIRAGE
ALIMENTATION ET STÉRILISATION DES EAUX. — DÉSINFECTION

PAR

ANDRÉ TURIN

Ingénieur des Arts et Manufactures
Inspecteur des Travaux techniques à l'Assistance publique
Professeur à l'Association Philotechnique

PARIS (VI°)

H. DUNOD ET E. PINAT, LIBRAIRES-ÉDITEURS
Successeurs de Vᵉ CH. DUNOD
49, QUAI DES GRANDS-AUGUSTINS, 49

1905

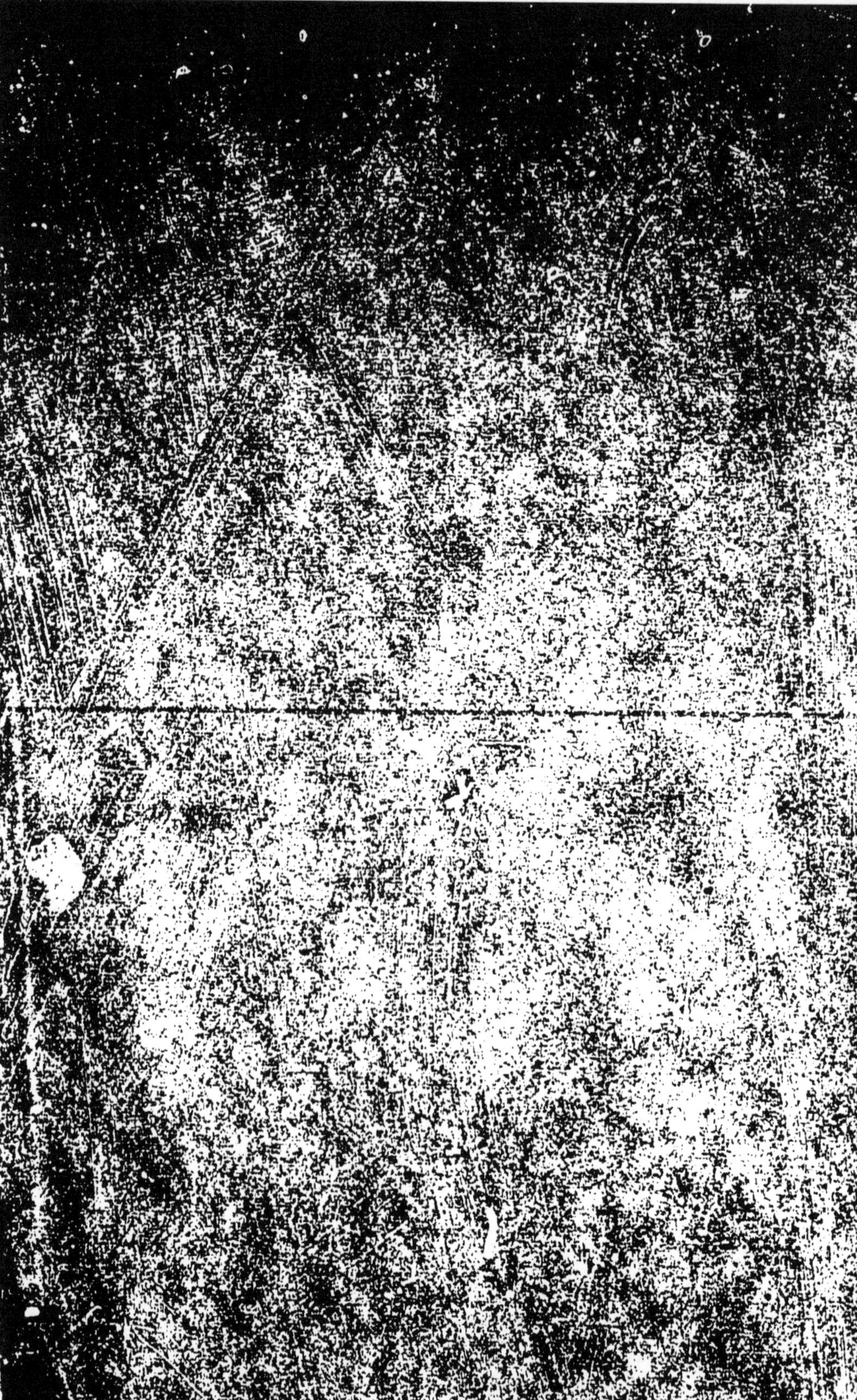

SANATORIUMS ET HOPITAUX

L'AMÉNAGEMENT
DES
ÉTABLISSEMENTS PUBLICS

APPLICATION AUX

SANATORIUMS ET HOPITAUX

CHAUFFAGE. — VENTILATION. — ÉCLAIRAGE.

ALIMENTATION ET STÉRILISATION DES EAUX. — DÉSINFECTION

PAR

ANDRÉ TURIN

Ingénieur des Arts et Manufactures

Inspecteur des Travaux techniques à l'Assistance publique

Professeur à l'Association Philotechnique

PARIS (VIe)

H. DUNOD ET E. PINAT, LIBRAIRES-ÉDITEURS

Successeurs de Vve CH. DUNOD

49, QUAI DES GRANDS-AUGUSTINS, 49

1906

Préface

Notre camarade, M. André Turin, a profité d'une solide expérience acquise à l'Assistance publique pour décrire avec autorité et compétence des sujets qui puissent aider et renseigner les ingénieurs, les architectes et les hygiénistes, non seulement sur les questions qui s'appliquent à l'aménagement des sanatoriums et des hôpitaux, mais encore sur toutes celles qui ont trait à l'aménagement des établissements publics, en général, comme l'indique le titre de l'ouvrage.

Après avoir expliqué son programme et s'être livré à de savantes considérations sur les maladies contagieuses, l'auteur traite dans leurs moindres détails toutes les questions relatives aux installations des services généraux et plus particulièrement des buanderies et des cuisines.

Des chapitres consacrés à la stérilisation et à la désinfection sont présentés avec beaucoup de méthode et de clarté. L'étude des questions techniques d'ordre général, comme celles d'une usine productrice de vapeur, de force et de lumière électrique, de l'approvisionnement en eau d'un établissement quelconque, etc., est traitée avec une précision remarquable. Un chapitre spécial est consacré au calcul des éléments du chauffage d'un établissement et à la description détaillée des appareils susceptibles d'être employés dans les divers modes de chauffage. Un autre chapitre, analogue au précédent, a trait à la ventilation.

Toutes ces questions sont d'autant plus intéressantes qu'elles sont traitées d'une manière générale, — nous ne saurions trop le répéter, — et qu'on ne les trouvait réunies jusqu'à ce jour dans aucun ouvrage scientifique.

L'auteur n'a pas non plus négligé le côté architectural; il a développé cette partie avec une certaine ampleur et a accompagné son texte de croquis originaux et artistiques vraiment instructifs et intéressants.

Voici en quels termes M. Hegelbacher, le distingué et sympathique sous-directeur de l'École Centrale, apprécie le talent avec lequel a été rédigé le premier ouvrage qui ait paru sur les questions d'aménagement des établissements publics.

Paris, le 1er septembre 1905.

Monsieur A. Turin, Ingénieur des Arts et Manufactures,

Cher Monsieur,

Je vous adresse mes vives félicitations pour votre idée de publier en volume les belles études que vous développez depuis plusieurs mois dans le *Journal Technique et industriel* sur la question des Sanatoriums.

Je sais que la question vous passionne depuis longtemps et que vous l'avez étudiée sous toutes ses faces; je sais même qu'elle vous passionnait déjà sur les bancs de l'Ecole Centrale, où vous avez eu à la traiter comme projet de concours final, et je me rappelle qu'à cette occasion vous aviez présenté à votre jury d'examen un travail si remarquable, que je n'hésitai pas à vous engager fortement à continuer dans cette voie en cherchant, du côté des services de l'Assistance publique, la possibilité d'appliquer, sur une vaste échelle, les facultés et les goûts que vous veniez de mettre si brillamment en évidence. Vous avez suivi mon conseil, aussi est-ce avec une vive satisfaction que je vois paraitre aujourd'hui votre livre si complet à tous les points de vue. J'estime que vous allez rendre un service signalé à toutes les personnes qui s'intéressent à la question des sanatoriums, et notamment aux trois catégories principales de spécialistes qui concourent à leur création : les hygiénistes, les architectes et les ingénieurs.

Croyez, cher monsieur Turin, à tous mes sentiments dévoués.

HEGELBACHER,
sous-directeur de l'École Centrale.

Nous terminerons en faisant remarquer que l'ouvrage que nous venons de présenter au lecteur est assurément, d'ici à bien longtemps, le plus instructif et le plus attrayant à la fois qui puisse paraître sur les sujets qui y sont traités. C'est un livre qui, en somme, a été écrit « pour les praticiens, d'après la pratique »; nous espérons cependant qu'il pourra attirer aussi l'attention de nos jeunes camarades, encore sur les bancs de l'école : ils trouveront dans l'œuvre de leur ancien beaucoup d'éléments nécessaires à l'élaboration de leurs projets d'études, quel que soit le sujet à traiter : moteur et générateur à vapeur, éclairage électrique, installation hydraulique, chauffage et ventilation de locaux, etc. Plus tard, ils pourront consulter avec fruit ce manuel, où ils verront réunis les éléments d'information utiles pour tant de branches industrielles.

H. LASSAUX,

Ingénieur E. C. P. (1896).

Avant-Propos

Notre but en écrivant cet ouvrage a été de rassembler toutes les connaissances et tous les principes que le constructeur d'un établissement public doit connaître pour mener à bien une installation générale.

Afin d'étendre davantage les applications de notre étude, nous avons choisi comme type d'établissement un sanatorium qui comporte, outre le chauffage, l'éclairage et les principes d'architecture communs à tous les édifices, la désinfection, l'alimentation et la stérilisation d'eau, le blanchissage du linge, etc., en un mot toutes questions intéressantes qui font actuellement l'objet de recherches actives.

———

SANATORIUMS ET HOPITAUX

Introduction.— Historique

La question de la tuberculose n'est pas de celles qui doivent rester confinées exclusivement dans le domaine médical.

La tuberculose doit être considérée comme une véritable question sociale, et à la défense contre cette affection doivent collaborer tous ceux qui prennent part d'une façon quelconque à la vie active de notre pays.

Aujourd'hui on guérit plus de tuberculeux qu'autrefois et les résultats ont permis à des savants, comme Grancher, d'affirmer que la tuberculose est curable à tous les degrés.

La tuberculose possède un caractère spécial expliquant les échecs de la lutte contre elle: ses causes viennent de l'existence même des gens, des conditions matérielles des organisations des sociétés. Pour que les résultats des sanatoriums soient satisfaisants, il faudrait que l'individu sortant guéri de l'établissement trouve chez lui sinon les conditions exceptionnelles d'hygiène du sanatorium, du moins un local sain dans lequel il puisse vivre avec des habitudes convenables d'hygiène. Ce n'est malheureusement pas le cas: l'ouvrier soigné dans les établissements, d'où il sort presque totalement guéri, est certainement plus attaquable, que l'individu qui n'a jamais été atteint. Si cet ouvrier trouve chez lui les mêmes conditions d'hygiène qui ont provoqué en lui la culture du germe, il y a tout lieu de croire que la maladie s'emparera de nouveau de lui.

L'amélioration de l'hygiène privée ne se fera que lentement; mais on peut chercher, lors du traitement du tuberculeux, à lui fournir le maximum de soins pour hâter sa guérison.

La lutte contre la tuberculose est donc très intéressante puisqu'elle met en jeu un adversaire puissant dont nous connaissons malheureusement les ravages, et pour le vaincre, le docteur et l'hygiéniste font appel à l'architecte et à l'ingénieur dont les rôles ont une importance capitale, car c'est à leur prévoyance dans les installations qu'est confiée la majeure partie de l'hygiène des malades.

Nous ne pouvons parler de sanatorium sans donner quelques détails sur le bacille, agent du mal, sur les moyens de le combattre et sur ce que la société et l'hygiéniste réclament de l'architecte et de l'ingénieur.

La semence, c'est le bacille de Koch, et la lutte antituberculeuse doit consister surtout, d'après certains docteurs imbus des idées contagionnistes, à supprimer cette semence dans les milieux fréquentés par les tuberculeux. Dans ce but, l'ingénieur et l'architecte doivent intervenir pour rendre inoffensifs la plupart des produits de sécrétions des tuberculeux ou pour empêcher ces produits de se répandre à l'extérieur avant d'avoir perdu leur virulence. Nous donnerons par la suite, le détail d'appareils très ingénieux inventés pour répondre aux besoins énoncés ci-dessus, et d'autant mieux réalisables que le bacille de la tuberculose est celui qui se détruit le plus facilement: à 70º de température il n'existe plus, tandis que le microbe du tétanos, par exemple, résiste jusqu'à plus de 100º.

Il n'est pas suffisant de détruire le bacille existant et

d'empêcher sa propagation; il faut empêcher aussi les prédispositions, la création du terrain fertile. On ne peut évidemment pas exclure le bacille de la tuberculose du régime végétal: une lutte antiseptique serait sans résultat en vertu de la rapide multiplication qui dépasse tout ce qu'on peut imaginer; mais il est plus facile d'empêcher la création du terrain fertile et favorable à la germination de la semence tuberculeuse. Et c'est là surtout que l'architecte et l'ingénieur ont un rôle important, car ce sont les conditions de vie des gens, l'éclairage, l'aération, le chauffage,l'hygiène en un mot, qui détermine ou empêche la formation du terrain propre au développement tuberculeux. Ces conditions de vie doivent être surtout observées pour les personnes atteintes d'affections prédisposant à la tuberculose, comme la fièvre typhoïde, la rougeole, la pleurésie, la broncho-pneumonie. Aussi, la convalescence de ces maladies demande-t-elle à être particulièrement soignée par une suralimentation, le repos et l'air pur. L'ouvrier malade d'une des affections signalées plus haut guérit et sort de l'hôpital; il rentre chez lui où il est loin de trouver les conditions voulues d'air, de lumière, et il n'est pas rare de voir cet ouvrier atteint par le terrible fléau.

Il y aurait donc lieu de construire des sanatoriums dits de convalescence destinés à combattre les prédispositions à la tuberculose. C'est d'ailleurs ce qui a été fait en Allemagne aux environs de Berlin.

Les premiers sanatoriums prirent naissance en Allemagne, et les motifs de leur construction n'étaient pas exclusivement médicaux. On voulut appeler l'attention du peuple sur la question de la tuberculose en frappant son imagination et en lui faisant sentir ostensiblement qu'on prenait souci de sa santé, espérant ainsi apaiser les récriminations des leaders du parti socialiste. Ces premiers sanatoriums furent construits de préférence sur les versants des montagnes et des collines abruptes sur lesquelles s'élevaient au moyen âge, les châteaux des Burgraves. Lorsque l'on érigea à Sülzhayn, sur l'emplacement d'un des plus célèbres châteaux forts du Hartz, le sanatorium des mineurs, on eut bien soin de dire à ces derniers que le palais dans lequel on soignait la souffrance du peuple prenait la place du château des chevaliers du moyen âge.

Ces établissements coûtaient très cher de construction, et les Allemands abandonnèrent ce genre de sanatoriums.

Parmi les principaux établissements d'Allemagne, nous citerons le sanatorium de Saint-Jean, installé dans un vieux château fort situé en haut d'une montagne. C'est un hôpital auquel on a ajouté des cures d'air constituées par des préaux ouverts où les malades s'étendent dans des chaises longues au soleil.

Cet établissement, ainsi que ceux de Saint-Mathieu et de Kœnigsberg, sont d'installation modeste. Les sanatoriums les plus intéressants sont ceux édifiés par les caisses assurances ouvrières. En Allemagne, en effet, tout individu âgé de plus de 18 ans et de moins de 65 et dont le salaire est inférieur à 2.500 francs, est obligatoirement assuré contre la vieillesse et contre l'invalidité du travail. Les caisses doivent une pension à tout ouvrier dont la capacité de travail est diminuée de 2/3 par maladie ou accident. Si l'ouvrier devient tuberculeux, la caisse d'assurance se charge du traitement médical si elle estime qu'elle peut rétablir ou conserver la capacité de travail à des conditions moins onéreuses que le paiement d'une rente. Cinquante sanatoriums sont construits à cet effet dans l'Empire.

Les sanatoriums près Berlin, dont nous avons déjà parlé, donnent des résultats très satisfaisants; ce sont de véritables stations situées au milieu d'une forêt de pins, consistant en un carré de 100 mètres de côté, entourées d'un grillage avec porte qui ne s'ouvre que pour les ouvriers porteurs de la carte d'admission du médecin et qui leur permet d'obtenir un billet de transport à prix réduit pour séjourner à la cure d'air de 8 heures du matin à 8 heures du soir. Les services comprenant le bureau de la surveillante, avec une bascule enregistrant les variations du poids des malades, la cuisine, le réfectoire où chaque malade a sa vaisselle spéciale, sont installés dans des baraques Decker dont l'une, ouverte au midi, sert d'abri en cas de pluie. Ces baraques sont constituées par des cadres de bois recouverts de carton feutré disposés ainsi: sur des bois placés, à 90 centimètres de distance, perpendiculairement à l'axe de la baraque et servant de support à un parquet formé de planches ajustées, se trouvent des mains courantes avec des poutres de bois de 5 mètres réliées par des tenons et des mortaises, et aux angles par des ferrures; sur ces mains courantes s'élèvent les parois formées par les cadres reliés deux à deux par des charnières de 31 millimètres d'épaisseur et se recouvrant dans le sens de la longueur au moyen de rainures et languettes. Ces cadres sont remplis par du carton flamand; entre les deux parois se trouve une couche d'air de 25 millimètres constituant un parfait isolant de température. La ventilation s'opère par les cheminées des toits ainsi que par des fenêtres à bascule à la partie supérieure. Les parois intérieures sont enduites de façon à être facilement lavables. Ces baraques, en raison de l'isolant constitué par la couche d'air comprise entre les parois des murs présentent le grand avantage d'être facilement chauffées; un simple poêle suffit.

A côté de ces établissements simples, il existe en Allemagne des sanatoriums somptueux, notamment à Beelitz. Le luxe inouï de cet établissement a grandement étonné le docteur Camille Savoire lors de sa mission en Allemagne en 1902. Il a été stupéfait de voir comment on traitait des ouvriers gagnant en moyenne 4 à 5 francs par jour. Ce n'est pas sans raison que les Allemands ont établi des établissements de ce genre. Ils ont voulu faire de leurs sanatoriums modernes une exposition industrielle, de façon à donner aux étrangers qui y sont amenés par leurs études ou leurs loisirs une haute idée de l'industrie allemande, et c'est ainsi que dans « l'Industrie allemande et la Technique mises au service des malades et des sanatoriums » publié par le professeur Pannwitz, nous trouvons le détail des machines, des bassins de clarification. des systèmes de ventilations, etc., avec les noms des constructeurs. Cette propagande industrielle est très naturelle; cependant, nous pouvons regretter son application au traitement de l'ouvrier, et le luxe bien inutilement dépensé dans ces établissements où l'ouvrier prend goût facilement à ce luxe qu'il ne retrouvera pas chez lui et qui pourra le rendre envieux des richesses qu'il ne soupçonnait pas.

Il est vrai qu'un sanatorium demande essentiellement une impression gaie que n'exige pas absolument un hôpital, mais on peut construire simplement un établissement en lui donnant un aspect agréable et en l'appropriant à la classe de la société qui viendra l'occuper (1).

Nous tenons à prévenir dès maintenant le lecteur que le sanatorium dont nous donnons ci-après les plans et

(1) Une grande partie de cette introduction est tirée d'une conférence faite le 6 décembre 1902 par M. le docteur Camille Savoire à la Société des architectes diplômés par le gouvernement.

dessins principaux est un sanatorium projeté pour une classe riche, c'est-à-dire décoré intérieurement et extérieurement de façon à conserver aux administrés les habitudes qu'ils avaient chez eux. Ce luxe serait inutile s'il s'agissait du traitement d'ouvriers. Mais, quel que soit le genre de sanatoriums, il faut tenir compte des observations qui vont suivre et ne pas négliger les installations techniques que nous étudierons successivement.

CHAPITRE PREMIER

Description et Hygiène générale

Description et justification des dispositions d'ensemble

Les essais qui ont été faits en Allemagne des différents types de sanatoriums ont démontré que le tuberculeux peut être guéri dans son propre pays et qu'il n'existe pas de climat, de région et d'altitude absolument indispensables. Il est donc possible d'établir des sanatoriums partout où l'air est pur, et c'est une erreur de croire que pour guérir les tuberculeux il faille les soigner à une altitude élevée, car l'air pur peut exister ailleurs qu'au sommet des montagnes. Il suffira pour établir un tel établissement dans de bonnes conditions de choisir un emplacement suffisamment éloigné des grands centres afin que l'air soit exempt des émanations des cheminées et des usines; ce terrain d'emplacement devra être sur le versant sud d'une colline et au-dessous d'une forêt ou d'un bois résineux chargeant l'atmosphère d'ozone. Le terrain devra être sec, nullement marécageux, facilement approvisionné d'eau; pour cela, il est bon d'établir le sanatorium sur le versant d'une vallée au bas de laquelle coule une rivière saine.

A quel type de bâtiment s'arrêter? Les uns sont partisans d'un bâtiment unique, les autres conseillent les pavillons séparés; enfin un autre système, — celui du docteur Sarason, — consiste en un bâtiment dont les étages en retrait les uns sur les autres ont comme cure d'air la terrasse couvrant le débordement de l'étage inférieur. Ce procédé donné une très bonne aération, mais présente des difficultés quant à l'aménagement et la distribution des étages.

Nous ne croyons pas utile de placer les malades dans des petits pavillons isolés (1); il est préférable de les placer dans un seul bâtiment facile à surveiller et à approvisionner plus régulièrement.

Quel que soit le type adopté. l'établissement comprendra deux parties qu'il faut rendre bien distinctes: la partie occupée par les malades et la partie réservée au service.

La première comprend le bâtiment principal comportant ses cures d'air, le parc. l'administration et le pavillon du concierge.

La seconde comprend les annexes, savoir: la cuisine, la lingerie, la pharmacie, les bains, l'infirmerie, la buanderie, les laboratoires, les remises, l'usine. la chapelle, le service des morts, les réservoirs et le bâtiment des pompes.

Nous croyons préférable d'établir pour chacun de ces services un pavillon spécial plutôt que de les grouper en tout ou en partie, et même de les placer en aile du bâtiment des malades comme cela existe dans certains sanatoriums

La disposition que nous indiquons comporte autant de bâtiments qu'il y a de services généraux (voir planche hors texte).

Le sanatorium dont nous donnons les dessins à titre

---

(1) Pour un hôpital où l'on traite plus de 1 000 individus, il faut grouper ces malades dans des pavillons en certain nombre, de façon que l'air tourne librement autour de ces pavillons. Mais ici un seul pavillon suffit en raison du nombre restreint de malades qu'il faut traiter dans un même sanatorium et de la maladie unique à soigner.

d'exemple est supposé établi sur un terrain ayant une pente de 5 centimètres par mètre. Le bâtiment des malades est supposé à 50 mètres d'altitude du fond de la vallée.

Nous avons cherché, dans le plan que nous représentons, à séparer nettement la partie du terrain réservée aux tuberculeux de celle des services annexes. Le bâtiment des malades sépare ces deux parties; devant lui s'étend un parc en palier afin de n'amener aucune fatigue aux

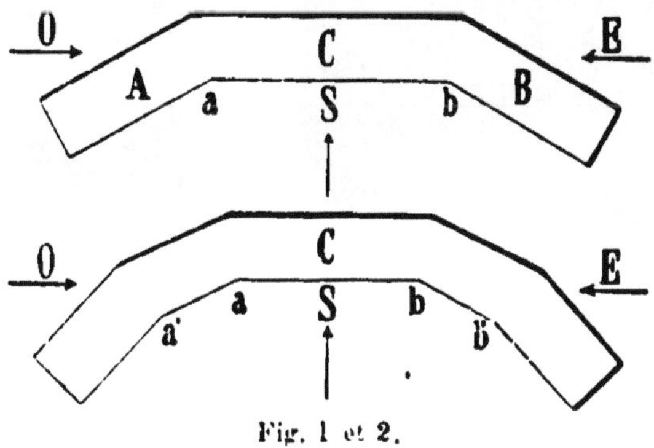

Fig. 1 et 2.

administrés lors de leurs promenades. Ce parc, qu'il faut établir grand, gai et sans arbres, est terminé à droite et à gauche par un double rideau de grands arbres protégeant le pavillon principal des vents d'ouest et d'est. Cette solution est préférable à celles adoptées dans quelques sanatoriums: Angicourt, Bligny, par exemple, où le bâtiment des malades est composé en fer à cheval plus ou moins ouvert, de façon que les ailes A et B protègent les cures d'air C des vents d'ouest et d'est (fig. 1). Certains docteurs ont reproché à cette solution d'occasionner des remous d'air en a et b, ce qui est dangereux pour les malades.

Alors on a modifié en mettant deux doubles brisures comme le montre la figure 2. Personne d'ailleurs n'est d'accord sur l'importance des angles de brisures.

De plus. cette solution offre des difficultés de construction. Il est donc plus simple de construire un bâtiment droit en plan et de l'abriter par des rideaux de grands arbres: c'est cette disposition que nous avons adoptée.

Fig. 3. — Administration.

LÉGENDE

REZ-DE-CHAUSSÉE

A. Vestibule.
B. Dégagement.
C. Comptable.
D. Secrétaire.
E. Galerie.
F. Bureau-caisse.
G. Econome.
H. Parloirs.
I. Lavabos W.-C.
J. Escaliers (internes).
K. Escalier (docteur).
L. Antich. (docteur).
M. Antich. (directeur).
N. Cabinet (docteur).
O. Cabinet (directeur).

P. Salle de réunion.
Q. Vestibule et escalier du Directeur.

PREMIER ÉTAGE

Directeur
A. Vestibule.
B. Galerie.
C. Dégagement.
D. W.-C.
E. Cuisine.
F. Salle à manger.
G. Grand salon.
H. Bureau.
I. O. P. Chambres.
K. Toilettes.
L. Débarras.
M. Salle de bains.

Econome
C. Vestibule.
T. Cuisine.
U. V. Chambres.
O. W.-C.

Docteur
C. Vestibule.
D. Salon.
S. Cuisine.
P. Salle à manger.
Q. R. Chambres.
O. W.-C.

Le parc en palier nous amène forcément à une différence de niveau de 14 mètres avec la route. Nous rattrapons cette différence de niveau par des rampes et escaliers permettant aux tuberculeux qui arrivent. de se faire monter par la rampe en voiture. et aux gens du service, alertes, de gravir la pente rapidement par les escaliers. Cette dénivellation nous permet de placer l'administration près de la route, de telle façon, qu'elle ne gêne en rien la vue du bâtiment principal.

Derrière le bâtiment principal nous avons placé les services très éloignés les uns des autres et entourés de jardins anglais. Nous reviendrons plus loin sur les emplacements respectifs à donner à ces annexes; nous dirons cependant de suite qu'il faut ménager les routes nécessaires pour leur approvisionnement et écarter les services les uns des autres en se souvenant que dans un sanatorium il faut de l'air et de la lumière.

Pavillon des administrés

D'après ce que nous avons indiqué précédemment, nous adoptons pour ce pavillon une façade droite exposée au midi; il sera construit en moellons de montagne recouverts d'un enduit de plâtre aluné, d'albâtre ou de sable mortier afin de donner à la façade une surface aussi lisse que possible. Quelques sanatoriums ont été construits en ciment armé qui permet d'obtenir une façade bien nette, mais la gaieté en est alors compromise. Les planchers doivent être en bois de chêne ou de sapin posé sur béton, asphalte, ciment ou ciment armé. Le sol des corridors, salles de toilettes, water-closets, salles de bains, doit être facilement lavable; nous recommandons pour cela un carrelage en grès cérame qui permet une propreté parfaite et une grande durée. Il faut se méfier des enduits posés en parquets et connus sous différents noms; il en existe qui sont faits avec de la sciure de bois, de la résine et du ciment. Ces enduits, par les effets de dilatation, se craquellent toujours rapidement (1). On peut toutefois les employer en carreaux. Quel que soit le produit employé pour faire le sol des locaux, il faut qu'il se raccorde à l'enduit du mur par un arrondi fortement accentué. Si le carrelage est fait avec du grès cérame, un carreau à 45 degrés dans les angles remplacera cet arrondi et donnera les mêmes résultats.

Fig. 4. — Pavillon des administrés.

Les murs sont toujours recouverts de peinture ou émailline sur toute la hauteur.

D'une façon générale, il faut éviter toute saillie et moulure aussi bien intérieurement qu'extérieurement. C'est pourquoi on pourra raccorder le mur de face avec le toit par un arrondi et décorer ce mur par des incrustations de briques émaillées, de céramique, de grès flammé, en un mot décorer par les tons et non par les saillies, de façon à pouvoir laver la façade par un jet d'eau à la lance.

(1) Un essai a été fait à l'hôpital Necker et n'a donné aucun bon résultat.

En plan, il faut chercher à isoler la partie réservée aux chambres où les malades se tiennent seulement la nuit de celle des cures d'air où les malades se tiennent pendant la journée. Le sanatorium dont nous donnons le plan comprend quatre étages pouvant recevoir, chacun 50 malades répartis en deux groupes ayant chacun leurs 52 lits et leur cure d'air. Les chambres sont, soit pour une personne, soit pour deux ou trois. Chaque chambre doit posséder son cabinet de toilette et sa penderie indépendants de la chambre, avec une entrée directe sur le couloir permettant au surveillant de visiter cette partie des locaux importante quant à l'hygiène.

Cette solution est bien préférable à celle adoptée dans certains établissements — sans doute faute de place — et qui consiste à placer la toilette entre la chambre et le couloir en l'éclairant ainsi en deuxième jour.

Les eaux de lavages et de toilettes devront s'écouler directement dans le tuyau de descente intérieur.

L'aération est le point essentiel. nous reviendrons d'ailleurs sur cette question lorsque nous traiterons de la ventilation. Néanmoins. nous indiquons tout de suite le volume nécessaire à donner aux locaux. Dans les hôpitaux, lorsqu'il y a un lit par trumeau, chaque malade a un cube d'air de 50 à 60 mètres. On considère 60 comme étant un chiffre fort, et 70 mètres cubes comme un maximum (1). Pour un sanatorium, il vaut mieux se tenir au-dessus de

(1) Dans beaucoup d'hôpitaux où, faute de place, la construction comporte deux lits par trumeau, le cube, par malade, est de 35 à 50 mètres. Ainsi. à Necker, chaque malade dispose de 40 mètres cubes. A notre avis, ce n'est pas assez. Pour les hôpitaux d'enfants. 40 mètres cubes sont très suffisants. Voici, comme renseignement, les cubes d'air donnés à chaque malade dans les principaux hôpitaux : Saint-Antoine, 38; Saint-Louis, 45; Laënnec, 39; Pitié, 45 à 55 (suivant les salles); Cochin, 49; Lariboisière, 54; Beaujon, 54, 70; Hôtel-Dieu, 57, 70; Tenon, 39 à 55 et même 75 à la Maternité; Baudelocque (Maternité), 45 à 141 suivant les salles (144 pour les chambres isolées); Maison Dubois, 60.

ces chiffres, surtout lorsque les locaux sont aménagés en chambres: il faut compter sur 100 mètres cubes.

Ici les lits ne doivent pas, comme dans les hôpitaux, être placés contre le mur de face, il vaut mieux les placer de façon que le malade voie ses fenêtres et reçoive la lumière dès le jour.

Il faut absolument interdire dans un sanatorium, l'emploi de tables de nuit.

Tous les services annexes d'un même groupe de chambres doivent être à proximité et comprendre un escalier avec un monte-lits, une lingerie, une chambre de surveillant, une trémie à linge sale, des bains (quelques baignoires pour les malades qui ne peuvent aller au bâtiment approprié) et des W.-C.

Les W.-C. et la trémie à linge sale doivent être isolés par un couloir et cela pour éviter tout contact nuisible avec les microbes.

A l'extrémité du groupe de chambres se trouve le logement de l'interne, avec la tisannerie, la laverie, un escalier spécial pour l'interne et des W.-C. également pour lui.

Au centre du pavillon et à chaque étage se trouvent les salons et les salles à manger reliés aux chambres par les galeries de cure d'air ouvertes et par les galeries fermées où se tiennent les malades l'hiver ou en cas de mauvais temps.

Les cures d'air ouvertes doivent permettre au soleil une entrée complètement libre. C'est pourquoi nous avons supposé dans la figure 5, des cures d'air complètement en porte-à-faux. L'air et le soleil pénétreront alors facilement sans ombre dans ces galeries hautes de 5 mètres et les malades, étendus derrière la balustrade, recevront dans les meilleures conditions possible le bain d'air, de soleil et de lumière qui doit les guérir.

Ces cures seront assez larges pour disposer, derrière

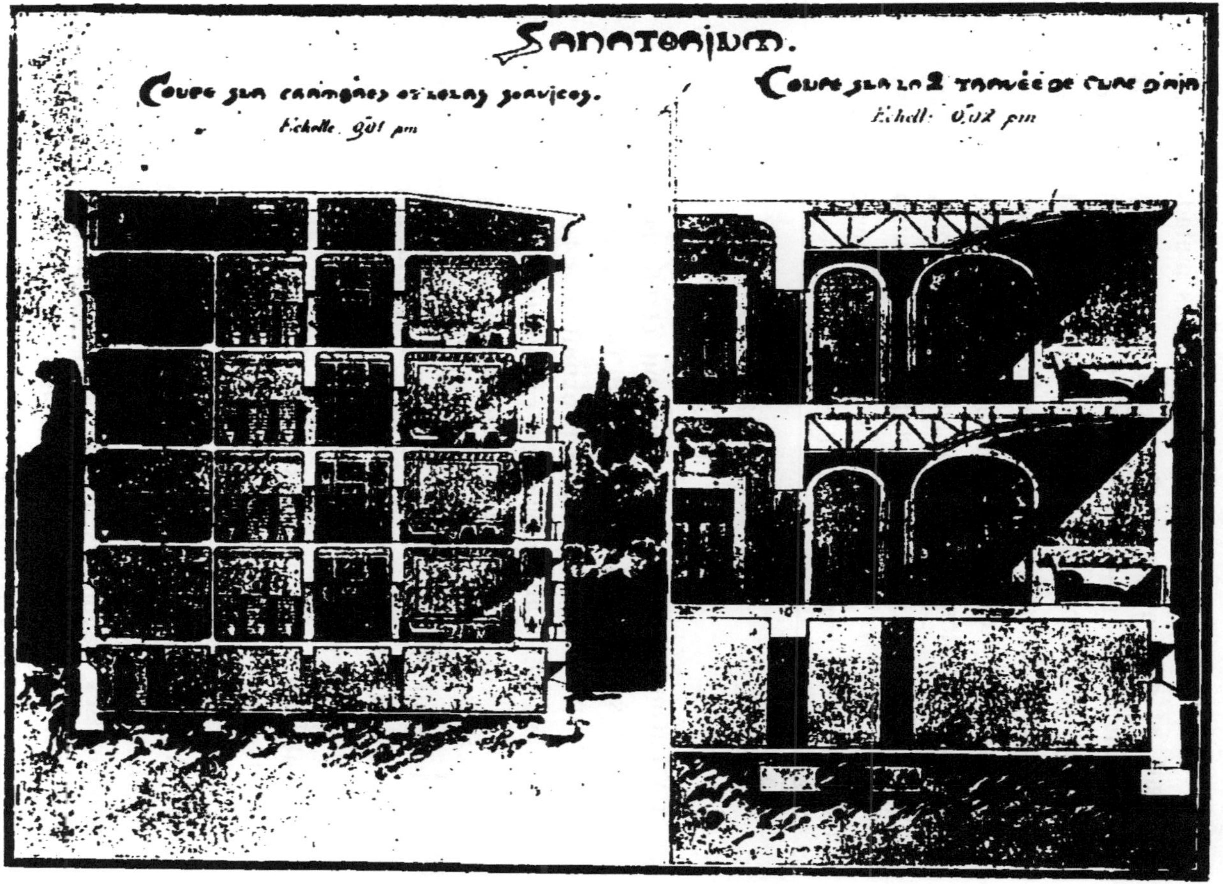

Sanatorium.
Coupe sur cuisines et leurs services.
Echelle 0.01 pm
Coupe sur la 2 travée de cure d'air
Echelle 0.02 pm

Fig. 5.

les chaises longues, un passage pour les malades qui circulent, et des casiers où les couvertures dans lesquelles s'enroulent les tuberculeux seront déposées. Ces casiers devront être suspendus, c'est-à-dire sans pied reposant sur le sol de façon à permettre le lavage complet du sol (1).

Le sous-sol du bâtiment principal comprendra les caves, les locaux de stérilisation, l'appareil calcinateur, les réservoirs, élévateurs d'eau, les appareils de chauffage, sur lesquels nous reviendrons. Dans un cinquième étage se trouveront les logements d'une partie du personnel (2).

Services généraux

I. Cuisine

La cuisine est peut-être, dans un établissement hospitalier, le service qui est le plus difficile à placer. Il faut en effet, que la cuisine soit à proximité des locaux qu'elle doit desservir; d'autre part, en raison de l'approvisionnement nécessaire et important, elle demande un accès aussi direct que possible aux voitures; il faut songer aussi que l'odeur peut incommoder les malades. Ce sont autant d'exigences très difficiles à concilier et le rôle de l'architecte sera de placer la cuisine le mieux possible, suivant le cas particulier qui lui est soumis.

Dans le projet qui nous occupe, nous avons placé le bâtiment des cuisines dans l'axe du plan, derrière le bâtiment principal auquel il est relié par un portique pourvu de chemin de roulement pour les wagonnets faisant le service. Ces wagonnets seront entraînés par la pente au bâtiment principal et un petit treuil avec moteur élec-

(1) Cette disposition (employée dans plusieurs hôpitaux de l'Assistance publique) doit être appliquée à toutes les armoires des établissements.

(2) Une autre partie du personnel de l'établissement sera logée en étage sur les services annexes : lingerie, bains, pharmacie.

trique placé à la cuisine ramènera les wagonnets vides à l'aide d'un câble. Derrière le bâtiment nous avons ménagé une cour reliée par une allée spéciale aux routes entourant l'établissement (1).

Le bâtiment des cuisines comprendra d'abord la cuisine proprement dite, toujours vaste et claire avec ses marmites, fourneaux, rôtisserie, grillade. Dans une salle contiguë on

Fig. 6. — Cuisines.

trouvera les services accessoires : épluchage et laverie, placés souvent dans une cour vitrée. De nombreux et vastes dépôts permettront l'emmagasinage des produits : donc il y aura une boucherie, des magasins de comestibles, une graineterie, des caves, etc.

On trouvera encore dans ce bâtiment les réfectoires des gens de service.

La cuisine, proprement dite, devra s'ouvrir par une face

(1) Une partie de cette cour servira, comme nous le verrons plus loin, à l'usine placée derrière la cuisine.

sur une galerie où se trouveront disposées des tables à circulation de vapeur et sur lesquelles seront placés les aliments en attendant leur départ au bâtiment principal et à l'infirmerie.

Quant à la disposition de la cuisine proprement dite, le mieux est de suivre l'exemple des belles cuisines installées dans certains hôpitaux. C'est à l'hospice d'Ivry où se trouve sans doute la plus belle installation comportant un grand nombre de marmites chauffées à la vapeur, un fourneau pour plats spéciaux qu'on ne peut faire dans des marmites, une grillade, une rôtisserie, le tout entretenu d'une façon remarquable et marchant avec une régularité parfaite. Nous citerons encore la cuisine de l'Hôtel-Dieu où se trouve une batterie de 12 marmites. Ces marmites sont constituées par un cylindre ouvert d'un côté et terminé de l'autre par une partie sphérique à double fond. Elles sont montées sur tourillons par lesquels arrive la vapeur ou s'évacue l'eau provenant de la condensation de la vapeur dans le faux-fond.

Plusieurs des marmites sont à grande profondeur, d'autres à petite profondeur et s'appliquent les unes à la confection des potages, purées, etc.; les autres à la cuisson des viandes.

La batterie sera surmontée d'un grand coffre d'aspiration des vapeurs, soutenu par des colonnes pouvant servir à dissimuler les conduites d'eau sur lesquelles se fixeront les raccords mobiles à robinets, permettant d'alimenter deux marmites par la même prise.

Les marmites ne présentent pas d'appareil purgeur: la vapeur entre dans le double fond et chasse l'eau qui a pu s'y condenser pendant l'arrêt. Dans quelques hôpitaux, les conduites sont placées en caniveau derrière les marmites qui sont disposées suivant un cercle ou une ellipse. Cette disposition est à éviter le plus possible; il est préférable de mettre les conduites de vapeur et d'eau en sous-sol ou bien, s'il n'y a pas de sous-sol, de disposer ces conduites à la hauteur des tourillons des marmites. De toutes façons il faut une conduite spéciale pour la vidange et exclure toute évacuation par caniveau si l'on veut éviter la mauvaise odeur dans les cuisines.

Le schéma que nous donnons figure 8 indique la disposition que nous avons adoptée et qui est à peu de chose près celle de l'Hôtel-Dieu (1).

A titre de renseignement, nous citerons comme cuisines françaises bien établies celles de Boucicaut et de Tenon; cette dernière comprend une batterie de 16 marmites.

En Allemagne, où l'emploi de la vapeur pour les cuisines est très répandu, les marmites sont fixes. Ceci tient à la façon d'opérer des cuisiniers allemands qui, pendant une cuisson, ne se rendent pas compte, comme les cuisiniers français, du degré d'avancement de la cuisson. Leurs marmites sont cylindriques, à fonds plats. Elles sont surmontées d'un couvercle massif s'articulant avec la marmite par une charnière et se soulevant à l'aide d'une chaîne venant se fixer à l'avant du couvercle.

Le couvercle est, d'ailleurs, équilibré par un contrepoids cylindrique coulissant suivant son axe, sur une tige verticale fixe qui le guide dans son mouvement. Ce couvercle est aussi muni d'un tube d'évacuation de buée, débouchant dans la colonne soutenant le renvoi de la chaîne qui actionne le couvercle.

La manœuvre des couvercles des marmites par chaîne manque d'élégance et de commodité. C'est pourtant le dispositif adopté en Allemagne et chez nous. Il serait

(1) A l'Hôtel-Dieu, il y a 12 marmites au lieu de 6.

avantageux d'employer un système plus facile à manier utilisant, par exemple, un levier de manœuvre à enclanchement permettant l'arrêt du couvercle dans une position voulue quelle que soit l'inclinaison de la marmite.

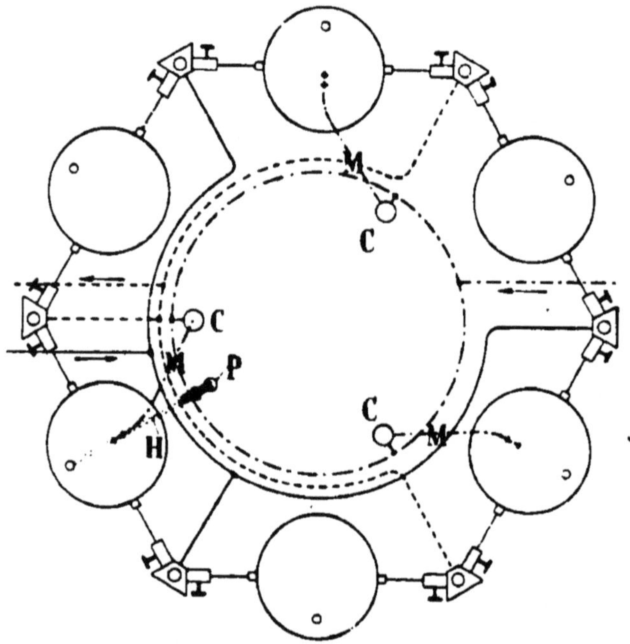

Fig. 7. — Plan schématique d'une batterie de marmites à vapeur.

LÉGENDE :

Pour cuire les pommes de terre, les Allemands construisent un appareil donnant de très bons résultats. Il consiste en une armoire métallique à étages. La séparation des étages se fait par des tôles perforées. Sur ces tôles on place des récipients perforés contenant les pommes de terre. En bas de l'armoire se trouve une certaine quantilé d'eau parcourue par un serpentin de vapeur qui a pour effet de produire une buée chaude venant attaquer les pommes de terre et les cuire convenablement.

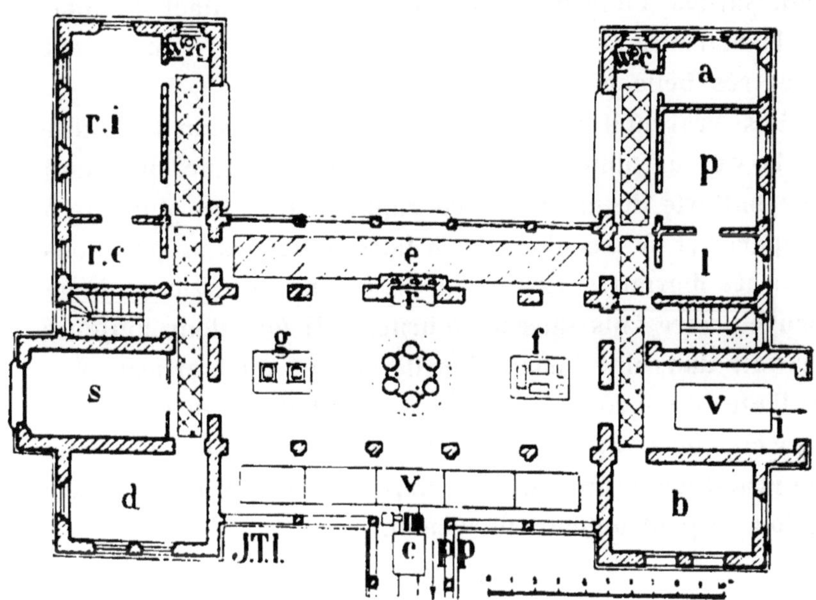

Fig. 8. — Plan du bâtiment de la cuisine.

LÉGENDE :

a Epicerie.
b Boucherie.
c Chariot.
d Dépôt et laverie.
e Galerie d'épluchage.
f Grillade.
g Fourneau.
i Départ à l'infirmerie.
l Légumes.

m Moteur.
p Paneterie.
r Rôtisserie.
s Surveillant.
v. v Tables à circulation de vapeur.
r. i Réfectoire des infirmiers.
r. c Réfectoire des cuisiniers.
p. p Départ du pavillon principal.

En sous-sol :

Caves à vin.
Dépôt de charbon.
Chaudière.

Dépôts.
Canalisations de vapeur, d'eau et d'évacuation.

Beaucoup de personnes persistent à croire que la cuisine à vapeur ne donne pas de bons résultats; certains l'admettent pour la confection des potages, purée, haricots, etc., mais disent que les viandes ne sont pas bien cuites par ce procédé. C'est une erreur, les viandes sont parfaitement cuites dans les marmites à fond élevé, elles sont saisies d'une manière excellente au contact du fond de la marmite chauffé à plus de 100 degrés et l'on obtient une très belle cuisson.

Il est vrai qu'il ne faut pas négliger la pression suffisante de la vapeur pour avoir la température voulue, qu'il faut une batterie de marmites en rapport avec les aliments à préparer et ne pas chercher à faire toutes les préparations dans les marmites. Certains mets comme les macaronis ne peuvent être faits sans un fourneau. Il faut donc toujours prévoir dans une installation de cuisine un fourneau, une grillade et une rôtisserie en plus de la batterie de marmites. Une cuisine à vapeur bien établie et bien entretenue permet un grand débit, une mise en marche facile, et une propreté qu'on ne peut obtenir autrement.

II. Buanderie

Le linge sale d'administrés qui arrive à une buanderie quelconque, est reçu au rez-de-chaussée sur une trappe au-dessous de laquelle une voiture peut se placer. On ouvre la trappe, le linge tombe dans la voiture, on ferme la caisse de la voiture et celle-ci se dirige vers la buanderie où le lavage et la désinfection vont s'opérer.

Avant de décrire la buanderie, il nous faut examiner les différentes phases du traitement du linge, car, de l'ordre de ces phases, doit dépendre la disposition générale de la buanderie.

Le linge sale qui arrive à une buanderie quelconque, particulière ou générale, ancienne ou moderne, doit subir les mêmes opérations suivantes :

1º Un « triage » destiné à séparer en plusieurs lots le linge à traiter, qui se trouve ainsi classé : linge peu sale, linge moyennement sale, linge très sale. Dans une buanderie particulière ou de peu d'importance, le triage a surtout pour but de séparer le linge de corps d'avec le linge de cuisine et le linge de table ;

2º L' « essangeage » est une opération qui a le double but de :

Fig. 9. — Buanderie.

a) Séparer du linge les substances solides étrangères ramassées par le linge, telles que les poussières, le sable, les épluchures de cuisine et débris quelconques qui s'y trouvent mêlés ou agglutinés ;

b) Dissoudre les substances gommeuses, amylacées ou albuminoïdes, telles que le sucre, le sang, etc., qui forment des taches dont certaines — celles albuminoïdes -- seraient fixées par la chaleur et resteraient indélébiles ;

3º Le « lessivage » ou traitement du linge par une lessive de carbonate de soude légèrement alcaline. C'est l'opération principale du blanchissage ;

4º Le « lavage » du linge par une dissolution de savon ;

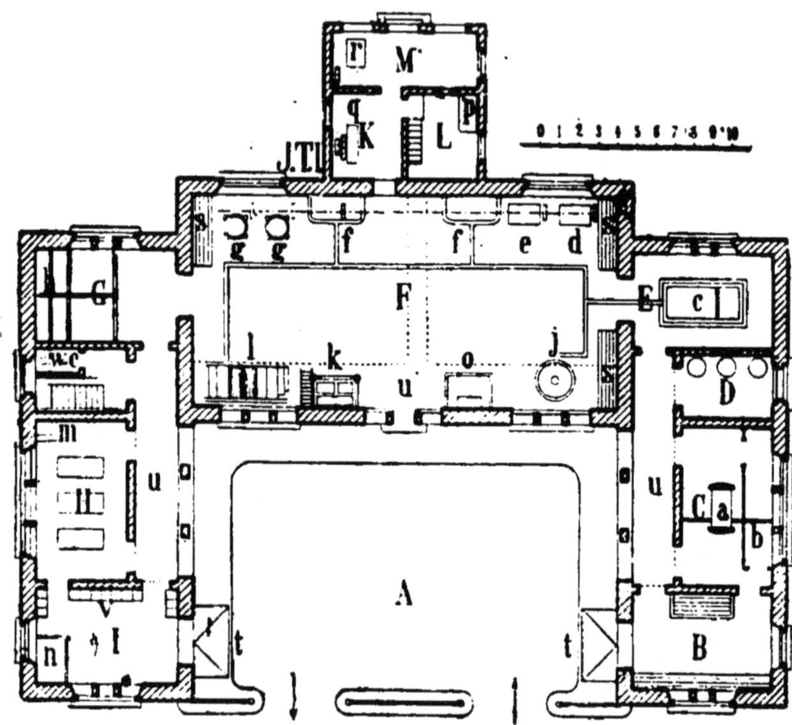

Fig. 10. — Plan de la buanderie.

LÉGENDE :

A Cour.
B Arrivée du linge sale et triage.
C Salle de désinfection.
D Magasin des produits.
E Essangeage.
F Lavage.
G Séchoir.
H Repassage et pliage.
I Classage et départ du linge propre.
K Machinerie.
L Chaufferie.
M Atelier de cardage.

a Etuve.
b Déshabilloir.
c Bassin d'essangeage.
d Essangeage.
e Machine à laver.

f Bassins.
g Essoreuse à arcade double.
h Séchoir à vapeur.
j Cuvier.
k Réservoirs en charge : Eau chaude. Eau de savon. Lessive.
l Machine à sécher et repasser.
m Fourneau à repasser.
n Bureau.
o Bureau du surveillant.
p Chaudière.
q Machine.
r Machine à carder.
s Claies.
t Marquises.
u Galeries en sous-sol.
v Casiers.

5º Le « rinçage » à chaud et à froid;

6º L' « essorage », enlevant au linge la plus grande partie de l'eau qui l'imprègne;

7º Le « séchage »;

8º Le « repassage » et le « pliage»;

9º Le « classement » et « l'expédition».

Voici résumées toutes les opérations du traitement du linge dans une buanderie et, quel que soit le mode de fonctionnement de l'établissement, quelles que soient les idées du chef buandier ou du patron de lavoir, ces opérations existent toujours et se succèdent dans l'ordre que nous avons donné. Il est vrai que souvent elles ne sont pas aussi distinctes en pratique, comme nous le verrons plus loin.

Essangeage, lessivage, lavage, rinçage

Nous pouvons dire tout de suite qu'il y a actuellement deux méthodes bien distinctes pour grouper les opérations précédentes en phases successives:

Dans une première méthode, qui est la plus ancienne, le linge sale trié est d'abord trempé dans des bassins d'eau froide; c'est l'essangeage. Le linge est ensuite porté au cuvier à lessive où s'effectue le lessivage et d'où il est retiré pour le donner aux femmes qui, avec le battoir et la brosse, le lavent et le rincent dans des bassins spéciaux. Le lavage et le rinçage se font, dans les installations plus modernes, dans des machines à laver et à rincer (1), couramment dénommées par les blanchisseurs « tonneaux laveurs », comprenant essentiellement une caisse à section cylindrique ou polygonale, ouverte ou fermée, munie ou non de planches ou de barrettes de battage intérieures, disposées longitudinalement le long des parois.

(1) Les dégueuleuses sont fort peu employées, sauf à la blanchisserie de Courcelles.

Le linge est introduit dans la caisse par l'ouverture de la machine.

La rotation de la caisse autour de son axe horizontal, avec une vitesse calculée spécialement pour soulever le linge à une certaine hauteur et le laisser retomber dans le bain de savon et d'eau, resté au fond du tonneau, produit le battage.

Le bain de savonnage est préparé par l'ouvrier blanchisseur au moyen d'eau et d'une dissolution concentrée de savon, cette dernière introduite au moyen d'un cassin.

Le lavage étant terminé, le linge sort par l'ouverture de la caisse, soit par renversement de cette caisse (machine à ouverture libre), soit à la main (caisses avec portes).

Le linge peut également être rincé dans la même machine en évacuant le bain de lavage au moyen d'une vanne et en le remplaçant par de l'eau pure, tiède ou froide. Ce rinçage peut également se faire dans une machine semblable disposée avec courant d'eau continu, obtenu par un dispositif spécial (arrivée d'eau propre et évacuation de l'eau de rinçage par les tourillons).

Le linge passe ensuite aux essoreuses et aux séchoirs.

Dans une seconde méthode, dite « méthode américaine », l'installation d'une buanderie comprend : une ou plusieurs machines automatiques à mouvement alternatif, permettant de faire dans une seule et même machine et sans main-d'œuvre l'essangeage, la désinfection, le lessivage, le lavage, le rinçage et l'azurage du linge.

Nous ne pouvons discuter et comparer les deux méthodes sans avoir décrit les appareils qu'elles emploient respectivement et qui les caractérisent.

Nous commencerons par étudier le cuvier.

Le cuvier à lessive se construit généralement en bois

ou en fonte; pour de petites dimensions, on peut utiliser la tôle.

Il se compose d'une cuve circulaire avec faux fond perforé. Dans le double fond se trouve un serpentin parcouru par de la vapeur. L'axe du cuvier est occupé par une

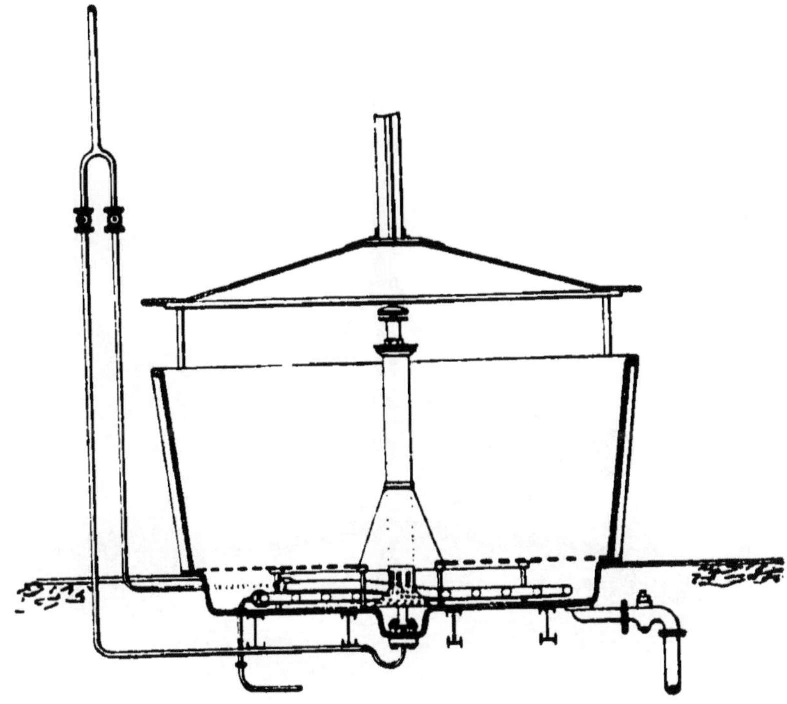

Fig. 11. — Coupe d'un cuvier à lessiver.

colonne métallique en communication à la base avec un éjecteur de vapeur et, au niveau du couvercle, avec un appareil répartiteur: tourniquet ou pomme. Cette colonne est d'ailleurs entourée d'une enveloppe percée à sa base. La vapeur passant de l'éjecteur dans la colonne entraine la lessive, qui pénètre dans celle-ci grâce aux trous de l'enveloppe et se répartit par le tourniquet ou la pomme à la surface du linge, tout en se réchauffant par le con-

Fig. 12. — Vue en élévation d'un cuvier à lessiver.

tact de la vapeur. Le liquide prend donc automatiquement un mouvement de va et vient et s'échauffe progressivement.

Le serpentin de vapeur placé dans le double fond peut fonctionner indépendamment de l'éjecteur. Il n'est d'ailleurs pas indispensable. Le plus généralement, l'éjecteur sert à la

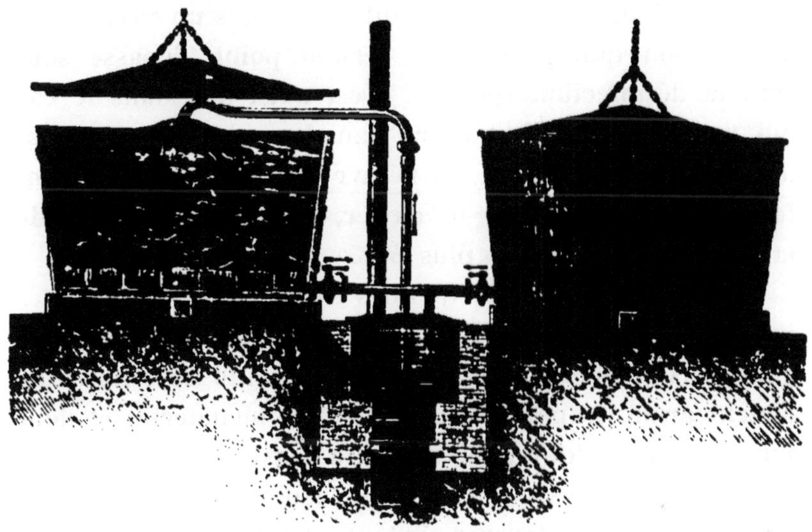

Fig. 13. — Appareil à ébullition, avec fourneau en maçonnerie desservant deux cuviers.

mise en marche du cuvier: le serpentin, plus économique, assurant ensuite le mouvement de la lessive (fig. 11).

Ce cuvier est surmonté d'un couvercle muni d'un tube d'évacuation de buée. Dans les cuviers d'une certaine importance, le couvercle est guidé dans son mouvement ascensionnel (fig. 12).

Pour établir un cuvier tel que nous l'avons décrit, il faut avoir à sa disposition une canalisation de vapeur. Sinon chaque cuvier doit être muni d'une chaudière dite à ébullition. Cette solution est, à notre avis, à éviter le plus possible.

Souvent, lorsque l'installation comprend deux cuviers, on place entre eux une seule chaudière, et un seul foyer donnant la lessive chaude par un col de cygne à l'un ou à l'autre des deux cuviers (fig. 13).

La température dans un cuvier est voisine de 100° ou atteint toujours 90°. Il se produit donc, dans un cuvier, une désinfection qui, jusqu'à un certain point, dépasse souvent la désinfection spéciale. C'est ainsi que dans le cas qui nous occupe, c'est-à-dire dans un sanatorium, il est inutile de passer le linge à l'étuve à désinfecter, la désinfection s'opérant dans le cuvier, puisque le bacille de la tuberculose n'existe plus à 75° (1).

Il existe sur la construction des cuviers des particularités intéressantes que nous ne pouvons donner toutes. Nous signalerons toutefois la construction récente de cuviers en ciment armé, employés dans quelques buanderies et dont l'usage nous indiquera la valeur : la construction de cuviers amovibles, montés sur roues, de façon à être transportés près des tonneaux laveurs, évitant ainsi le transport du linge sur chariot. Ce type de cuviers amovibles est adopté à la blanchisserie de Courcelles et y donne de très bons résultats.

Certains buandiers utilisent le cuvier pour faire l'essangeage : le linge est placé à la fin de la journée dans le cuvier rempli d'eau froide et l'essangeage se produit pendant la nuit.

Quant à la dimension des cuviers, nous croyons inutile de l'exagérer comme certains patrons de lavoir semblent le vouloir. Un diamètre de 2 m. 50 est à notre avis un maxi-

_____

(1) Pour obtenir une haute température dans le cuvier, on peut recouvrir celui-ci d'une enveloppe en bois s'appuyant sur des nervures extérieures du cuvier et l'entourant ainsi d'un isolant d'air, et supprimer le tube d'évacuation de buées au-dessus du couvercle.

mum, au delà duquel le travail du cuvier est pénible et le rendement moins satisfaisant.

Le cuvier est l'appareil intéressant de l'ancienne méthode; le tonneau laveur et le tonneau rinceur, dont nous

Fig. 14. — Machine à laver et a rincer à ouverture libre.

avons dit quelques mots, complètent l'ensemble des appareils spéciaux à la méthode.

Pour le lavage et le rinçage, on utilise encore, dans la méthode ancienne, des tonneaux à ouverture libre comme celui que nous représentons figure 11.

Les rinceuses de ce genre sont munies d'une arrivée d'eau par le tourillon et d'un ramasseur intérieur qui évacue à chaque tour une certaine quantité d'eau par le tourillon. On établit ainsi une circulation d'eau très active donnant un bon rinçage (1).

Fig. 15. — Machine à laver à cinq pans.

Nous abordons maintenant les machines propres à la méthode américaine.

La méthode américaine consiste dans l'emploi d'une « machine à laver » à double enveloppe, chauffée à la va-

____

(1) L'eau employée pour le rinçage ne doit pas être trop calcaire, sans quoi le linge prend une mauvaise odeur.

peur, permettant d'effectuer le traitement complet du linge, essangeage, lessivage, lavage, rinçage, désinfection.

La machine à laver à vapeur est essentiellement constituée · par un tambour intérieur métallique comprenant deux fonds ou plateaux tourillons en fonte, doublés de cuivre, — sur lesquels est rivé un cylindre eu cuivre jaune écroui,

Fig. 16. — Vue en élévation d'une machine à laver à double enveloppe.

présentant des barrettes embouties dans le cuivre et des perforations à double emboutissage, avec porte à charnières et fermeture de sûreté — par un arbre à taquets et un levier de manœuvre à déclanchement (fig. 16 et 17).

Ce tambour se meut dans une double enveloppe constituée par deux demi-cylindres avec fonds en fonte, au centre desquels sont des portées avec coussinets en bronze dans lesquels tournent les tourillons du tonneau intérieur. Ces deux demi-cylindres sont réunis par un joint horizontal à bride, situé au-dessus du niveau des bains lixiviels.

Le demi-cylindre supérieur présente une partie à coulisse

à frottement doux par galets de roulement et à poignée de manœuvre.

Le demi-cylindre inférieur repose sur deux pieds doubles et présente des tubulures pour les arrivées d'eau, de bains lixiviels et de vapeur, ainsi que pour la vidange et le trop plein.

Le tambour intérieur est animé d'un mouvement de rotation alternatif par un dispositif de changement de marche. Ce dispositif de commande est fixé, d'une part, à l'un des pieds de la machine et, de l'autre, repose directement sur le sol par un pied spécial, évitant tout porte-à-faux: il comprend trois poulies, dont une fixe et deux folles, avec fourchettes guidant les courroies et les faisant passer automatiquement de l'une sur l'autre des poulies, au moyen d'une came et d'une vis sans fin; l'arbre des poulies porte un pignon engrenant avec une roue dentée, calée sur un des tourillons du tambour. Un couvre-engrenage protège ce dernier

L'arrêt et la mise en marche sont obtenus à la main: un volant de manœuvre permet d'amener le tambour intérieur à la position voulue pour son chargement ou son déchargement. Un levier à peigne s'encastrant dans les dents d'une des roues d'engrenages forme arrêt de sûreté du tambour pendant le chargement ou le déchargement.

Les robinets d'introduction d'eau froide et chaude et de bains lixiviels sont montés sur une même tubulure.

Le chauffage des bains lixiviels a lieu par barbotage de vapeur (1).

L'évacuation des buées peut être assurée par une tubulure

---

(1) Pour donner une idée de l'encombrement de ces machines, voici les dimensions d'une machine à laver pour 40 kilogrammes de linge sec à l'heure : diamètre du cylindre intérieur, 0 m. 80 ; longueur, 1 m. 15.

coudée, montant verticalement et placée à la partie haute de
l'un des fonds de la double enveloppe.

Ces machines se complètent généralement par deux petits

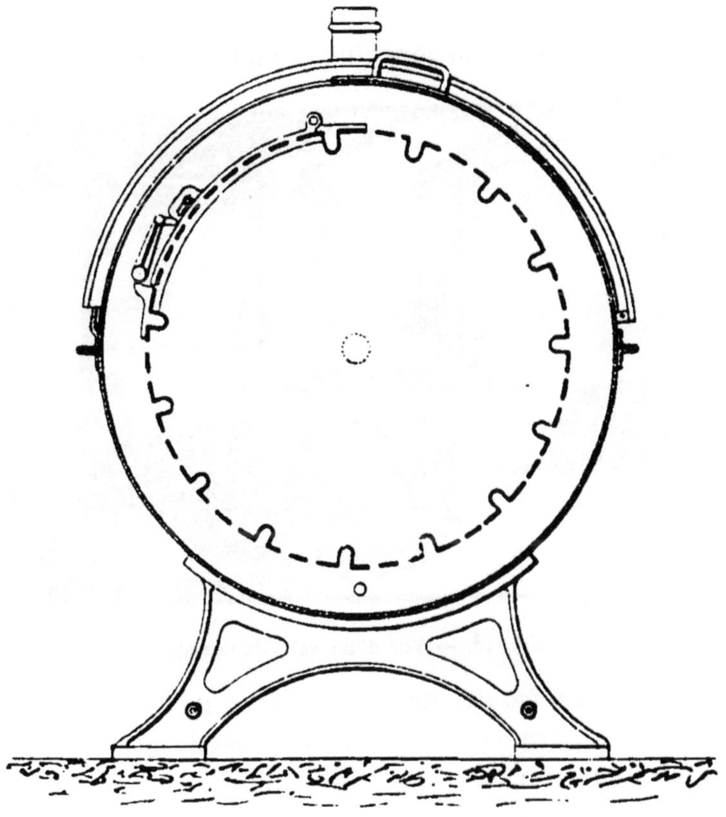

Fig. 17. — Coupe transversale d'une machine à laver à double enveloppe.

réservoirs où l'on fait préalablement à chaud les dissolu-
tions de lessive et de savon. Un seul de ces réservoirs suffit
lorsque l'on dispose de bacs spéciaux en charge pour l'ensemble de la buanderie; le petit réservoir de chaque machine servira alors à faire le mélange de lessive et de savon,
ou à recevoir l'un ou l'autre.

Comment le traitement se fait-il avec une machine à double enveloppe?

La machine étant arrêtée et complètement vide, on l'emplit de linge sale, on ferme les portes et on la met en marche.

On vide ensuite la machine, quant au liquide, on intro-

Fig. 18. — Vue d'une salle de buanderie.

duit de l'eau froide, de la lessive et de la vapeur; c'est le lessivage. On évacue le bain de lessivage.

On ajoute alors une dissolution de savon tout en laissant la vapeur afin d'opérer le lavage à chaud; le lessivage et le lavage durent ensemble 30 à 40 minutes.

On vide la machine et on fait arriver l'eau froide et la vapeur pour produire le rinçage à chaud, ce rinçage dure 10 minutes.

Il reste à faire le rinçage à froid et à ajouter une dissolution de bleu pour produire l'azurage. On arrête la machine, on fait écouler l'eau et on retire le linge. L'opération dure en tout une heure.

Les machines dont nous venons de donner la description et le fonctionnement donne un lavage parfait du linge et peuvent servir à désinfecter, par une introduction spéciale de vapeur à haute température.

Pour donner une idée au lecteur de l'installation de l'une de ces machines, nous donnons (fig. 18) une vue de petite buanderie existante où sont parfaitement représentés un cuvier, une machine à laver et une essoreuse.

Jusqu'ici nous n'avons traité que de l'essangeage, du lessivage, du lavage et du rinçage, par l'une ou par l'autre méthode. Il nous reste à examiner l'essorage, le séchage et le repassage, pour lesquels nous ne distinguerons plus de méthodes.

Essorage, séchage, repassage

Le linge venant du rinçage renferme une grande quantité d'eau dont on le débarrasse en partie par son passage dans les essoreuses qui en extraient 50 p. 100 environ. Les essoreuses peuvent être de trois types : essoreuses toupies ou à commande en dessous, essoreuses à arcade simple, et enfin essoreuses à arcade double. Elles comportent ou non leur moteur.

Pour des petites essoreuses, on peut employer le type toupie, mais dès que les dimensions deviennent un peu fortes, il n'est plus prudent de l'adopter. Il est préférable de faire usage, et cela même dans tous les cas, d'essoreuses à arcade double, assurant une stabilité que toute machine de ce genre doit donner, si l'on veut éviter des accidents.

Une essoreuse comprend une cuve en fonte à embase, à rebord supérieur et tubulures de sortie d'eau, un panier et un système donnant le mouvement.

Le panier est constitué par une virole en cuivre rouge perforé et étamé, de 0,50 à 1 mètre de diamètre, cerclé de fer rond et fixé sur un fond en fonte au moyen d'une frette.

La virole est surmontée d'un rebord embouti, laissant une ouverture supérieure suffisante.

Le fond en fonte formant moyeu, est doublé d'un revêtement en cuivre étamé.

Le panier est fixé sur un arbre vertical en acier, épaulé au moyen d'une clavette avec bague de maintien goupillée.

Fig. 19. — Essoreuse à arcade simple.

L'extrémité inférieure de l'arbre repose dans une crapaudine à bain d'huile avec bague en bronze ; entre les grains d'acier terminant l'arbre et celui du fond de la crapaudine sont interposées deux lentilles d'acier trempé.

La partie supérieure de l'arbre est maintenue par une douille en bronze spécial conique, permettant de rattraper l'usure au moyen de deux écrous.

Le graissage continu est obtenu par le bain d'huile de la

crapaudine et par un graisseur compte-gouttes pour la bague supérieure.

Le mouvement de rotation du panier est obtenu au moyen de cônes de friction dont l'un, en papier comprimé, est fixé

Fig. 20. — Essoreuse à arcade double.

sur l'arbre vertical et l'autre, en fonte tournée, sur un arbre horizontal porté par les paliers de l'arcade.

La mise en route est obtenue au moyen d'un débrayage composé d'un levier agissant sur un ressort à vis de butée de réglage; l'arrêt est assuré au moyen d'un frein système Corsol, à serrage continu et concentrique.

Le linge, retiré des essoreuses, est porté aux séchoirs.

En principe, un séchoir est une chambre en maçonnerie dont l'une des faces latérales n'est pas maçonnée; le linge placé dans cette chambre reçoit un courant d'air chaud qui le sèche et qui s'évacue par une cheminée disposée spécialement à cet effet.

La fermeture de la face non maçonnée se fait par des portes à coulisses ou par la devanture même des chariots portant le linge et qui alors se manœuvrent perpendiculairement à la face du séchoir.

Généralement la chambre du séchoir est divisée en compartiments à l'aide de cloisons en briques ou en tôle. Cette division permet de décharger et de charger un des compartiments ouverts sans refroidir le linge en voie de séchage.

Les chariots sont constitués par des chassis portant un certain nombre de barres sur lesquelles on étend le linge. Ils portent à leur partie supérieure des galets qui roulent sur des rails disposés perpendiculairement à la face principale du séchoir et dépassent celle-ci de façon que les chariots puissent sortir complètement des chambres. Dans les séchoirs à petits tiroirs, le chariot porte en avant une devanture munie de poignées. Cette devanture forme porte lorsque le chariot est à l'intérieur du séchoir et la flasque arrière ferme l'ouverture dans la position du tiroir ouvert.

Un séchoir peut se chauffer par calorifère à feu direct ou par la vapeur.

Le procédé le plus économique pour un séchoir fonctionnant sans interruption consiste dans l'établissement en sous-sol de foyers à étages, brûlant des fines de coke. Les produits de combustion de ces foyers circulent dans des tuyaux disposés dans un plan horizontal juste au-dessous de l'atelier du séchoir. Ces tuyaux sont en fonte, près du foyer, et ensuite en tôle; ils communiquent avec une cheminée d'évacuation, située au centre du mur de fond et contre ce mur. Devant le mur de fond se trouve une cloison communiquant avec le séchoir par des ouvertures de départ des buées; ce compartiment des buées, contre le mur de fond, se prolonge par une gaine entourant le conduit des gaz du foyer.

L'air pris au dehors passe sur les tuyaux du calorifère, qui ne sont séparés du séchoir que par un grillage, puis opère son action sur le linge, se charge d'humidité, descend pour passer dans le compartiment collecteur d'où les buées

Fig. 21. — Disposition par tuyaux à ailettes.

sont aspirées par l'action du conduit central de produits de la combustion du foyer.

Lorsque la buanderie possède une machine à sécher les grandes pièces de linge plat, on peut employer un séchoir avec petits tiroirs à barres multiples dont nous avons parlé plus haut.

Un séchoir avec chauffage à vapeur comporte, à la place des tuyaux de calorifères, une batterie de surface à ailettes.

Il ne nous reste plus, pour terminer la description des machines de buanderie, qu'à dire quelques mots des machines à sécher et à repasser.

Ces machines, qui diffèrent suivant le constructeur, ne donnent pas toujours exactement le résultat demandé. Ces machines peuvent être des sécheuses, ou bien des repasseuses, ou encore des sécheuses-repasseuses. Cette classification, en pratique, n'est pas rigoureuse. Le linge d'hôpital a besoin surtout d'être séché; le repassage se fera,

Fig. 24. — Chauffage par foyers à étages.

pour les pièces qui le demandent, avec une machine spéciale.

Nous représentons (fig. 25) une sécheuse pour linge plat, à trois cylindres.

Cette machine donne un rendement de 1.200 kilos de linge par journée de dix heures. Elle comprend trois cylindres sécheurs en cuivre rouge brasé de 600 millimètres de diamètre et 2 m. 10 de longueur, montés sur pieds en fonte tournés avec pattes en fer forgé et soudé, posées à chaud et matées. Ces cylindres sont timbrés pour la pression de vapeur de 4 kilos.

Les fonds sont venus de fonte avec les tourillons qui reposent, par l'intermédiaire de paliers, sur deux flasques longitudinales en fonte.

L'un des tourillons de chaque cylindre est perforé et muni

Fig. 23. — Type d'un séchoir à tiroirs suspendus.

d'un presse-étoupe avec tubulure spéciale permettant l'introduction de la vapeur; ladite tubulure porte également le tube plongeur ramasseur des eaux de purge.

Chaque cylindre est réuni avec le collecteur de vapeur et avec celui d'évacuation des eaux de purge, qui est muni d'un purgeur automatique.

Les deux flasques longitudinales forment bâtis entretoisé

avec le mouvement de commande dit progressif, qui peut être à droite ou à gauche de la machine, parallèle ou d'équerre, et composé essentiellement d'un plateau en fonte

Fig. 21. — Presse à percussion.

faisant friction avec un galet en fonte recouvert de papier comprimé.

Ce dispositif permet de mettre en marche la machine ou de l'arrêter par simple levier à ressort et de faire varier la vitesse suivant la nature du linge ou des objets à traiter, au moyen d'une vis ou d'une manivelle.

Le mouvement progressif et le harnais d'engrenages qui transmet aux cylindres le mouvement de commande, sont placés du côté des collecteurs de vapeur, de façon à laisser le côté opposé entièrement libre, et sont protégés par des couvre-roues.

Le mouvement d'entraînement du linge est obtenu au moyen d'une toile, dite sans fin, en tissu de coton, avec rouleaux de détour, rouleaux de tension montés sur crémaillère et rouleaux de réglage à vis, cordons-guides, avec rouleaux de détour pour ramener les pièces de linge d'un cylindre à l'autre sur la toile. Le chemin parcouru entre les cylindres est à l'air libre et étudié de façon à permettre l'évacuation de la buée produite à chaque contact des cylindres.

A l'entrée de la machine se trouve un auget de dépôt pour le linge humide et, à la sortie, une table de réception du linge sec.

Nous représentons fig. 26 une « repasseuse » faite exclusivement pour repasser et donnant de très bons résultats.

Enfin, il existe pour les plastrons de chemises, les cols, les manchettes et les chemisettes, des machines dont nous nous dispensons de parler.

Nous avons donc passé en revue toutes les machines que nous pouvons rencontrer dans une buanderie; nous sommes par conséquent à même de choisir, pour le cas qui nous occupe, la disposition et les appareils les plus appropriés.

Nous traitons, dans notre projet de sanatorium, 220 malades qui, en raison de l'éloignement des villes, exigent un personnel de 130 personnes, en comprenant les internes, les docteurs et la direction, soit au total 350 personnes.

Pour ce nombre, relativement faible, la buanderie ne sera pas bien importante. Quelle méthode faut-il adopter?

Si nous posions cette question à plusieurs vieux patrons de lavoir, nous aurions des réponses bien différentes. Le plus grand nombre répondraient en faveur de la méthode ancienne, car ils admettent en général très difficilement les machines américaines supprimant la main d'œuvre et venant contrarier toutes leurs habitudes si profondément gravées en eux par une routine professionnelle (1).

A notre avis, nous pensons que, dans une bonne installation, il n'est pas inutile d'établir un ou plusieurs cuviers représentant ainsi l'ancienne méthode et que l'on utilisera pour le linge très sale. C'est pourquoi, dans le plan de notre buanderie (fig. 10), nous avons indiqué un bassin d'essangeage et un cuvier en plus des machines à laver.

Nous avons établi deux machines à laver de 50 kilos et deux essoreuses. Une seule machine suffirait, néanmoins, pour ne pas laver le linge des malades avec celui du personnel, une machine supplémentaire est nécessaire.

La transmission générale est actionnée par un moteur dont on calculera la force en se basant sur ce que les machines à laver demandent au démarrage 2 chevaux environ, la sécheuse 2 chevaux et les essoreuses 2 chevaux.

Il nous faudra établir des canalisations de vapeur, d'eau froide, d'eau chaude, de dissolution de savon, de lessive, de vieille lessive et de vidange.

Il y aura quatre réservoirs en charge : un d'eau chaude, un d'eau de savon, un de lessive, enfin un de vieille lessive qu'une pompe refoule à la hauteur du réservoir. Les trois premiers sont chauffés par serpentins de vapeur.

Enfin, nous devons indiquer que, pour les machines à laver, il faut une arrivée de lessive, d'eau de savon, de vapeur et d'eau froide ; pour les cuviers, il faut une arrivée de vieille lessive, de vapeur et d'eau froide.

Nous avons réservé, à l'entrée du linge sale et donnant dans le triage, un emplacement pour une étuve à désinfecter

---

(1) Il existe cependant aujourd'hui, en France, un très grand nombre d'installations de buanderies utilisant uniquement les machines à laver.

Fig. 25. — Machine à sécher et à repasser le linge sortant de l'essoreuse.

où seront portés les matelas le linge d'infirmerie ou les vêtements ayant besoin d'une désinfection spéciale.

Nous laissons actuellement de côté la description des étuves dont nous aurons ultérieurement l'occasion de parler lorsque nous traiterons de la désinfection.

Fig. 26. — Machine à repasser continue, à cuvette.

Le linge dont nous avons suivi le traitement dans les appareils de la buanderie est transporté ensuite à la lingerie.

LINGERIE

Cette lingerie comprendra de vastes pièces avec casiers pour le classement et la conservation du linge et quelques locaux pour le racommodage et même la confection des pièces de lingerie.

Un bureau pour une surveillante et un vestiaire complèteront l'installation de ce service.

Le linge à distribuer partira de la lingerie pour être conduit aux petites lingeries de chaque étage du pavillon principal et des pavillons de bains et d'infirmerie.

BAINS

Dans un établissement important il doit toujours y avoir

en dehors des quelques baignoires placées à chaque étage

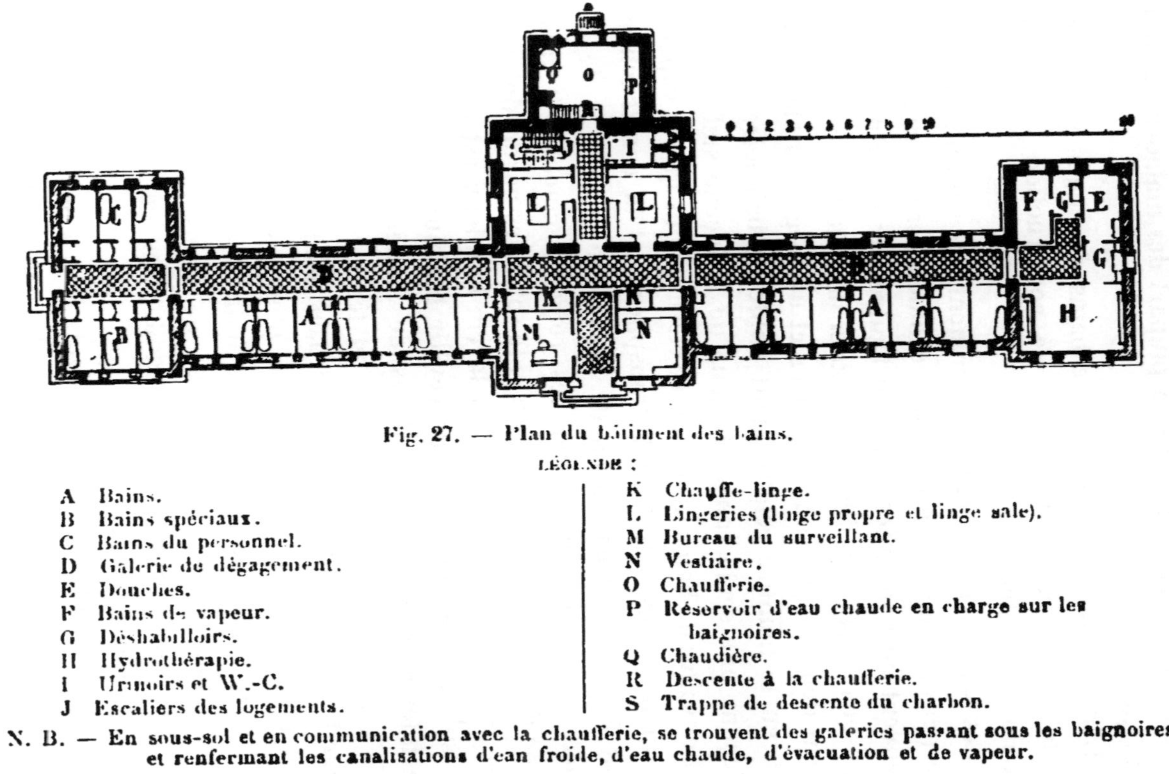

Fig. 27. — Plan du bâtiment des bains.

N. B. — En sous-sol et en communication avec la chaufferie, se trouvent des galeries passant sous les baignoires et renfermant les canalisations d'eau froide, d'eau chaude, d'évacuation et de vapeur.

du pavillon principal, un bâtiment spécial où se donneront toutes les espèces de bains et où sera aménagée une salle d'hydrothérapie. Cette nécessité se fait d'autant plus sentir dans un sanatorium que la plupart des malades ne sont pas alités.

L'installation d'un service de bains demande, pour être bien établie, quelques règles de construction que nous voulons signaler :

Les baignoires doivent constamment être surveillées, elles ne peuvent donc être dans des cabinets fermés, mais elles peuvent être séparées l'une de l'autre par des rideaux ou cloisons à hauteur d'homme. Aussi dispose-t-on ordinairement deux rangées de baignoires et un large couloir entre. Ici, vu le nombre relativement faible de baignoires, nous plaçons une seule rangée le long de la façade sud.

Les salles de bains doivent être élevées pour que la vapeur d'eau ne sature pas trop l'atmosphère ; et la construction doit être prévue en raison de l'humidité chaude et de la buée, et aussi pour éviter les refroidissements. Il faut donc de la construction sérieuse : le sol et les parois doivent être imperméables et faciles à laver ; le mieux est de faire un sol en grès cérame et de revêtir les murs de carreaux de faïence jusqu'à deux mètres de hauteur.

Il y a lieu d'éviter la peinture et les enduits à la céruse pour le local des douches sulfureuses, lesquelles, ont pour effet de noircir la peinture, — le plomb se combinant au soufre pour donner un sulfure noir.

Les canalisations d'un service de bains comprennent toujours une conduite d'eau chaude, une conduite d'eau froide et une vidange.

Dans les établissements construits il y a seulement une cinquantaine d'années, ces conduites sont placées en caniveau devant la rangée de baignoires.

Devant chaque baignoire se trouve une colonne verticale d'alimentation en communication par la base avec deux conduites (eau chaude et eau froide) à l'aide de raccords sur lesquels sont montés les robinets que le surveillant actionne avec une clef et dont les têtes dépassent la plaque couvrant le caniveau.

Cette disposition dite « en caniveau » a de graves inconvénients : Quand il y a des fuites aux conduites on ne s'en aperçoit pas de suite, les reparations se font forcément dans le local même des bains, la vidange dans le caniveau amène une malpropreté inévitable de ce caniveau.

Il est bien préférable d'établir toutes les canalisations en sous-sol et d'avoir une conduite de vidange. Cette solution comprend deux colonnes montantes à chaque baignoire, une pour l'eau froide et une pour l'eau chaude : ces colonnes se terminent par des robinets à col de cygne dont la manœuvre n'est possible qu'au surveillant qui en a la clef.

C'est une installation de ce genre qui est établie à l'hôpital Saint-Antoine. Elle permet la visite facile des conduites et leur réparation en dehors de la salle de bains.

L'eau chaude est fournie par un réservoir, en charge sur les baignoires, chauffé par un serpentin de vapeur. La vapeur est donnée par une petite chaudière placée en sous-sol et qui doit alimenter aussi les tuyaux de chauffe des chauffe-linge.

Nous venons d'examiner les parties indispensables d'une installation simple de bains, telle que le demande un sanatorium. Le programme n'est pas toujours aussi réduit, et il existe des hôpitaux, où l'on traite des maladies spéciales comme les maladies de peau, dans lesquels le service de bains comprend une série de locaux spéciaux. C'est ainsi qu'à Saint-Louis le service de bains comprend : une entrée, deux grandes salles de bains, une lingerie, une salle de frotte pour galeux, une salle de bains pour galeux, un service d'hydrothérapie comprenant un déshabilloir et une piscine, une salle de douches de vapeur et d'autres salles réservées pour les bains de vapeur, sudations, douches locales, etc.

Le programme de ce service dépend évidemment de la nature des maladies traitées dans l'établissement.

Pour les tuberculeux il n'y a pas de bains spéciaux à établir et le service comprendra simplement deux salles de bains, salle d'hydrothérapie, lingerie, bureau, water-closets et un sous-sol avec chaufferie (1).

Nous passons maintenant à l'étude du pavillon de l'Infirmerie et de la Pharmacie.

INFIRMERIE

Dans un sanatorium le traitement ne se confine pas exclusivement à la tuberculose, car le tuberculeux qui vient se soigner dans l'établissement est susceptible de contracter des maladies ou d'être victime d'accidents nécessitant un traitement n'ayant plus rien de commun avec l'hygiène générale de l'établissement. C'est pourquoi une infirmerie est nécessaire. Les tuberculeux atteints de maladies y seront traités comme dans un hôpital, dans des dortoirs disposés en tenant compte que le malade est avant tout un tuberculeux, c'est-à-dire que les prescriptions indiquées pour les chambres du pavillon principal sont applicables ici.

Les chambres seront carrelées en grès cérame, les angles

---

(1) A titre de renseignements et pour donner une idée de l'emplacement nécessaire par baignoire, voici des indications tirées de quelques services de bains.

	Largeur de la salle	Longueur	Nombre de baignoires	Surface par baignoire
Lariboisière.	7ᵐ »	6ᵐ50	10	1ᵐ55
Saint-Louis.	6ᵐ »	23ᵐ »	30	4ᵐ10
Saint-Antoine.	6ᵐ50	25ᵐ50	26	4ᵐ10
Enfants malades. . .	10ᵐ »	8ᵐ »	21	3ᵐ33

seront arrondis. A proximité des salles se trouveront une petite salle de bains, un cabinet de surveillante, un office avec fourneau pour réchauffer les tisanes, les cataplasmes, etc.; enfin une salle de chirurgie avec ses dépendances.

Nous avons supposé, dans notre projet quatre dortoirs répartis en deux étages réunis par un escalier et un monte-lits. Les extrémités des dortoirs sont occupées par des chambres d'isolement.

La salle des opérations est absolument nécessaire. En effet, les opérations ne se font pas dans les salles des malades réservées au traitement médical et aux pansements. Lorsque le docteur décide qu'une opération est obligatoire, le malade est transporté dans son lit, à la salle d'anesthésie constituant pour ainsi dire le vestibule de la salle d'opération (1). Le malade y est endormi et déshabillé, puis placé sur la table d'opérations.

La salle d'opérations n'a pas besoin dans le cas qui nous occupe, d'avoir une bien grande étendue. Il n'en est pas de même dans les hôpitaux des grandes villes où les salles d'opérations sont pour les étudiants une précieuse école d'enseignement médical. Certaines sont disposées spécialement pour l'enseignement, elles sont entourées de gradins où prennent place les étudiants désireux de suivre les indications de l'opérateur.

Le chirurgien est généralement très exigeant et cela se conçoit d'ailleurs par l'importance de son rôle. Pour le satisfaire dans la mesure du possible, l'architecte doit comprendre une propreté extrême et un éclairage parfait de la salle d'opérations. Les murs doivent être tous unis, les angles arrondis, les surfaces stuquées, le sol carrelé en

____

(1) Dans certains hôpitaux où le trajet à la salle d'opérations est assez long, le malade est endormi avant son transport.

grès cérame et disposé pour permettre l'écoulement des eaux de lavage. La lumière doit toujours venir du nord; la baie sera vitrée avec des verres diffusant la lumière. Enfin, si cela est possible, on complète l'éclairage par un châssis au plafond.

Naturellement une salle d'opérations doit être chauffée et ventilée énergiquement et doit comprendre une arrivée d'eau froide, une d'eau chaude et un vidoir.

A côté de la salle d'opérations doit se trouver une salle annexe où seront déposés tous les instruments nécessaires, les stérilisateurs d'eau, le chauffe-linge, etc.

Il faut avoir vu ces salles d'opérations pour se rendre compte de la propreté parfaite de tout ce qui s'y trouve. Les murs peints au ripolin ou stuqués brillent comme des glaces sous la lumière intense que donne une large baie; le verre des récipients, le marbre des tables, les carreaux de faïence ajoutent encore leurs reflets à la lumière directe et font que la salle semble être entourée de glaces.

Dans certains hôpitaux les services de chirurgie sont groupés et forment un pavillon spécial, comme le pavillon Pasteur, à Cochin.

Enfin, en plus des salles d'opérations ordinaires, il y a dans plusieurs hôpitaux un pavillon des grandes opérations où sont traitées les maladies exigeant des opérations difficiles ou constituant un danger de contagion (1). Les salles de ces pavillons spéciaux seront identiques à celles que nous avons décrites. Les dépendances en seront plus nombreuses, c'est ainsi qu'il y aura en plus des salles de bains, des chambres d'isolement, bureau, cabinet du docteur, en un mot tout ce qu'entraîne l'autonomie du service.

(1) Nous citerons comme exemple le pavillon de chirurgie de l'hôpital Laénnec.

Après cette digression sur quelques installations importantes, revenons à l'étude de la salle d'opérations de notre infirmerie.

Nous avons dit plus haut que la salle annexe devait être

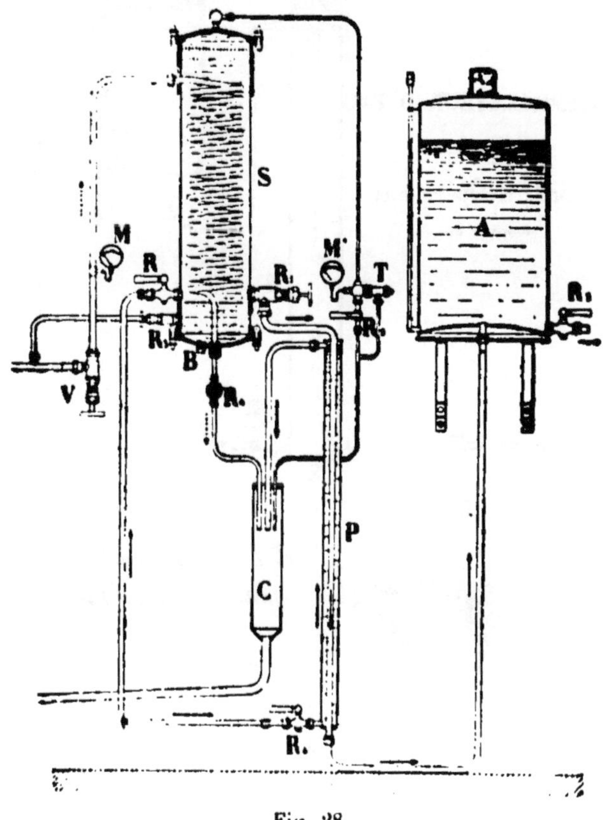

Fig. 28.

pourvue d'appareils stérilisateurs d'eau. Mais dans le projet de sanatorium que nous étudions nous avons compris, une stérilisation générale de l'eau qui est ensuite distribuée à tous les services généraux en ayant besoin. Il semblerait donc inutile de munir la salle d'opérations de stérilisateurs d'eau, puisqu'une conduite y amène de l'eau stérilisée. Cependant nous croyons préférable, pour le service de chi-

rurgie, de ne pas compter sur l'eau stérilisée **amenée**
ainsi, et de produire spécialement la purification de l'eau

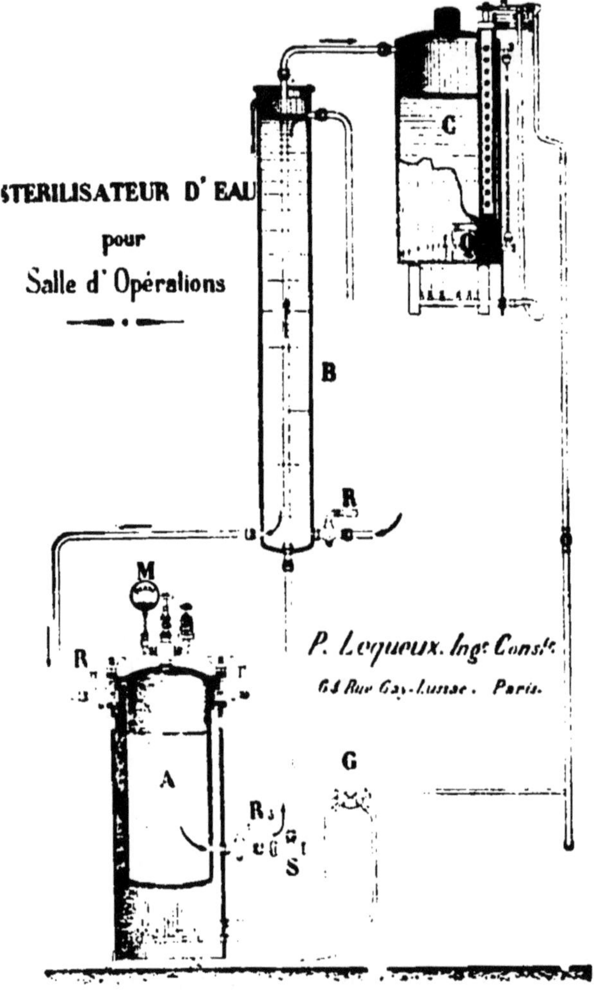

Fig. 29.

destinée aux opérations, le chirurgien étant ainsi plus sûr
de l'eau qu'il utilise. Ces appareils stérilisateurs sont d'ailleurs intéressants; nous allons donc décrire les appareils
les plus en usage.

Nous représentons fig. 28 un stérilisateur d'eau pour salle d'opérations tel qu'il convient pour notre salle. Cet appareil, se chauffe à la vapeur et se compose d'un stérilisateur pro-

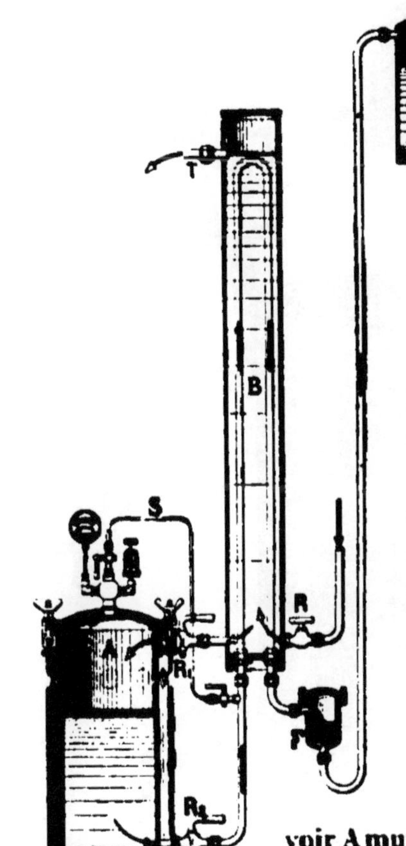

prement dit, S, où vient l'eau de la canalisation générale par le robinet R. L'eau y est portée à la température de 120° par la vapeur venant d'un générateur et circulant dans le serpentin intérieur. On peut d'ailleurs régler l'admission de la vapeur au moyen de la valve V.

L'eau stérilisée passe par le robinet R, dans le réfrigérant P et se rend dans le réservoir A muni d'une fermeture aseptique.

Avec ce dispositif on peut obtenir 150 litres d'eau absolument stérilisée en moins d'une heure. Tout l'ensemble de l'appareil peut être rendu préalablement aseptique par circulation d'un courant de vapeur.

Lorsque l'on dispose d'une conduite de gaz, on peut avantageusement faire usage du stérilisateur d'eau représenté

fig. 29. L'eau stérilisée dans l'autoclave A ne peut être refoulée dans le réservoir C que lorsqu'elle possède une tem-

Fig. 31.

pérature telle que la pression à la surface peut soulever le clapet S.

Le passage de l'eau stérilisée dans le réfrigérant B a pour but de ramener sa température au-dessous de 100°

afin d'éviter la production de vapeur dans le réservoir C. Le remplissage de l'autoclave A se fait avec l'eau du réfrigérant, toujours plus chaude que celle de la conduite générale. L'autoclave A peut s'employer pour la stérilisation des pansements ou des liquides.

Enfin nous représentons fig. 30 un appareil stérilisateur dans lequel l'eau est filtrée aussitôt après son passage dans le réfrigérant B.

Une opération avec cet appareil se fera ainsi : l'eau sera amenée dans la chaudière A jusqu'à une hauteur de 15 centimètres environ.

Le réfrigérant étant fermé, on chauffera l'appareil jusqu'à obtenir une pression de 1 kg. 500.

On procédera alors à la stérilisation des conduites et des réservoirs en ouvrant le robinet R ou ceux en relation avec le tube S, et on laissera la vapeur s'échapper. Pendant cette opération préliminaire, on règle le brûleur

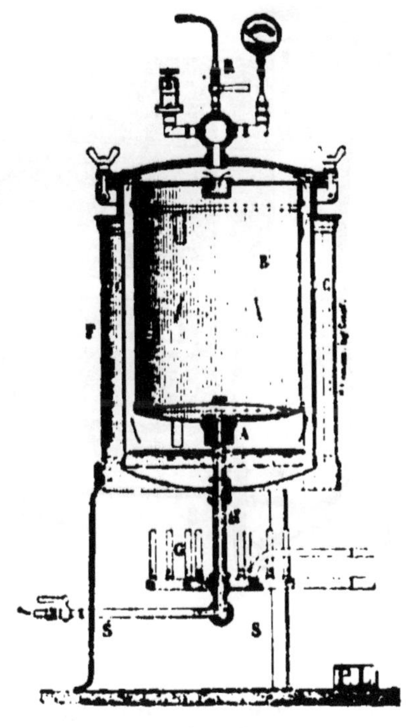

Fig. 32.

de façon à maintenir la pression. On fait circuler ainsi la vapeur sous pression, dans toutes les parties de l'appareil, pendant environ 20 minutes. Ensuite on remplacera l'ouate des boîtes O ou celle placée sur les dômes des réservoirs par de l'ouate sèche. On fermera le brûleur pour ramener la pression à 0. Cette stérilisation préliminaire ne se fait que lorsque l'appareil a eu un arrêt de marche prolongé.

L'opération de stérilisation d'eau proprement dite se mène en remplissant d'abord la chaudière A jusqu'à 12 ou 15 centimètres de son rebord supérieur, puis on chauffe le récipient en maintenant la pression entre 1 kilo et 1kg.500 pendant 15 à 20 minutes.

On fait circuler l'eau froide lentement dans le réfrigérant

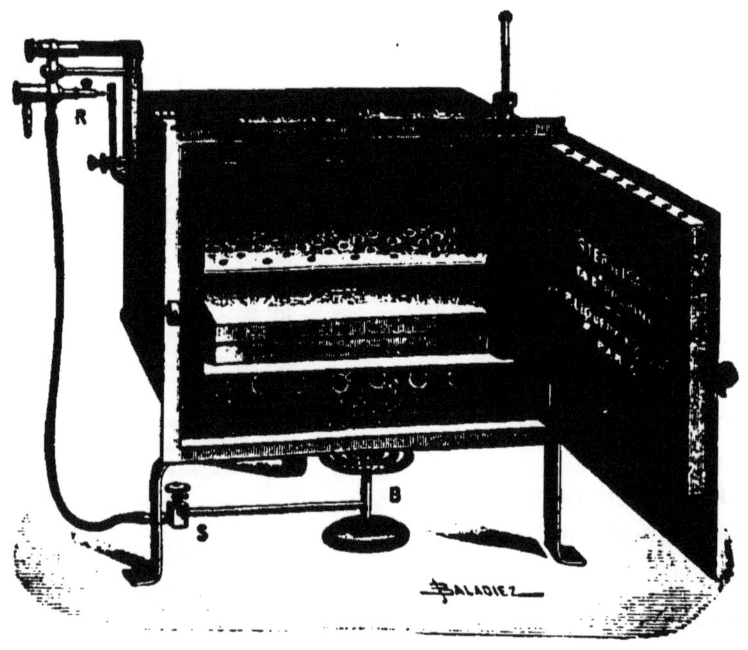

Fig. 33.

B, et lorsque la stérilisation est terminée on éteint le brûleur à gaz, ou plutôt on maintient une partie des brûleurs légèrement allumés; on ouvre avec précaution le robinet R_2, l'eau stérilisée remonte dans le réservoir et après s'être refroidie un peu au-dessous de 100° dans le réfrigérant B.

Nous terminerons cette étude de l'infirmerie par quelques appareils accessoires: stérilisateurs pour instruments de chirurgie et pour pansements.

Ces appareils représentés fig. 31 et 32, sont basés sur le principe suivant: soumettre les pièces à stériliser à une température telle que tous les micro-organismes soient détruits.

Ces micro-organismes sont détruits soit par le contact de la vapeur en présence de l'eau qui a servi à la produire, soit au moyen de l'action prolongée de la chaleur sèche.

Fig. 31.

Pour obtenir ces résultats, certains appareils utilisent la vapeur obtenue par l'action d'un brûleur à gaz ou bien par une conduite de vapeur qui la véhicule d'un générateur et la détend à 1 kg. 50 à son arrivée dans l'appareil.

Parmi les stérilisateurs pour instruments, nous signalerons celui du docteur Poupinet (fig. 33). Cet appareil est chauffé au gaz ou au pétrole, les produits de la combustion circulant entre deux parois et permettant l'obtention de la température voulue.

Les instruments sont placés directement sur une tablette
ou mieux dans une boîte spéciale que l'on maintient entr'ouverte pendant tout le temps de la stérilisation pour s'assurer
de la pénétration de la chaleur dans la boîte et en même
temps éviter la rouille causée par les buées qui se forment

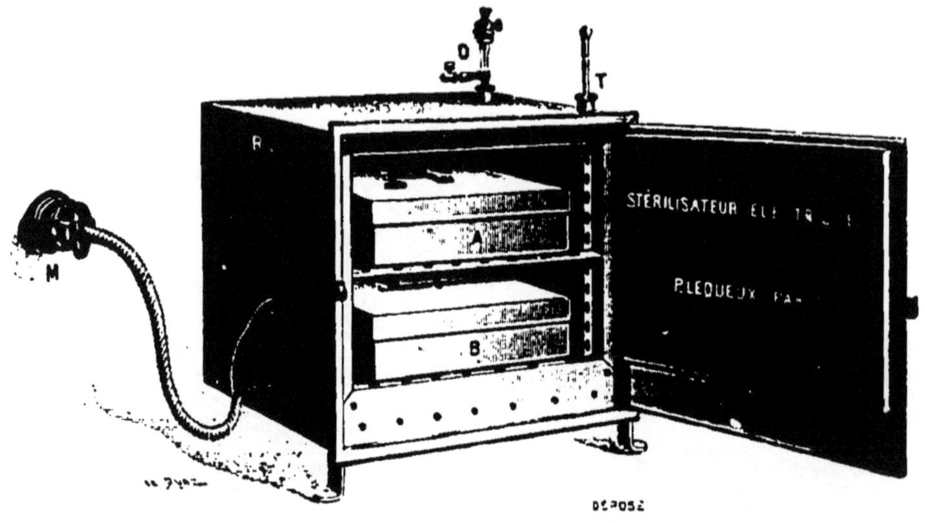

Fig. 35.

toujours sur les instruments d'acier placés dans une boîte
fermée.

Cet appareil peut être muni d'un régulateur métallique
que nous représentons, et qui se place horizontalement dans
un tube traversant de part en part la partie supérieure de
l'étuve.

Depuis quelques années on construit des stérilisateurs
chauffés par courant électrique (fig. 34 et 35). Il est évident
que leur emploi ne peut être économique puisqu'il met
en jeu la calorie électrique; seulement l'utilisation est
plus complète comme nous allons le voir. Le chauffage

dans ces appareils est obtenu par des radiateurs formés
d'une résistance métallique placée dans l'étuve même, celle-ci étant isolée le plus possible au point de vue calorifi.-
que. Lorsque la température est obtenue dans ces appareils
on peut interrompre le courant et l'isolement calorifique
de l'étuve maintient cette température, tandis qu'avec les
appareils chauffés au gaz on est obligé de maintenir le
courant gazeux tout le temps de l'opération, car si les
produits de combustion ne circulaient plus dans l'appareil,
ils seraient remplacés par de l'air froid et la température
baisserait immédiatement.

Dans notre sanatorium, où nous supposons une usine
productrice d'électricité, nous pourrons avantageusement
utiliser l'appareil pour instruments décrit ci-œssus. Et
comme nous disposons d'une chaudière en sous-sol, nous
prendrons comme appareil à stériliser l'eau de la salle
d'opérations, le premier des appareils décrits.

Nous passons donc maintenant à l'étude de la Pharmacie
dont nous n'avons d'ailleurs que peu de choses à dire.

PHARMACIE

Elle devra être établie au rez-de-chaussée, afin de pouvoir
profiter des sous-sols dont la fraîcheur est absolument nécessaire à la conservation de certains produits. Elle se
composera d'un bureau où les ordonnances seront appor-
tées, d'une tisannerie, d'un office avec fourneau, d'un dépôt
à produits, d'un laboratoire, enfin d'une salle d'expédition
où les infirmières viendront prendre les produits préparés.

Le tuberculeux malade sort de l'infirmerie après y avoir
été guéri et va achever sa convalescence dans les cures
d'air du pavillon principal.

Malheureusement il faut prévoir le cas où le malade ne

guérit pas. Cette considération nous améne à parler d'un service obligatoire dans tout hôpital, nous voulons parler du service des morts.

Ce service des morts est dans les hôpitaux un service de science en même temps qu'un service d'état civil et religieux.

SERVICE DES MORTS

Ce service doit toujours être éloigné le plus possible des bâtiments des malades, c'est pourquoi nous avons placé ce pavillon à l'extrémité du terrain et nous l'avons relié à la route principale par une allée spéciale à travers bois.

Il y a lieu de placer aussi ce pavillon à proximité de la chapelle afin de satisfaire facilement le service religieux. Dans certains hôpitaux, le service des morts comporte même sa chapelle spéciale.

Nous citerons comme exemple les salles du service des morts de l'hôpital Laënnec: un dépôt des morts, des salles d'autopsie, vestibules, laboratoires, salle de cours, cabinets, musée, mise en bière, dépôt des bières, salle de réunions des familles. Ici nous n'aurons pas besoin de prévoir une salle de cours, le sanatorium étant supposé en dehors de tout centre.

La salle de dépôt des morts doit évidemment être vaste et bien aérée, les fenêtres étant placées à trois mètres du sol. Les murs seront imperméables et les angles arrondis.

Les corps sont disposés sur des tables basses, qu'on fait maintenant en ardoise épaisse. Chaque table est entourée de rideaux.

Les salles d'autopsie disposées comme les salles d'opérations ont un sol en caillebotis en bois sur cuvette en ciment avec écoulement des eaux de lavage.

Pour achever l'étude de tous les services généraux, il ne nous reste plus qu'à parler de l'Usine.

CHAPITRE II

Usine et Éclairage

Usine

Lorsqu'un établissement hospitalier prend une certaine importance et surtout lorsqu'il est éloigné de tout centre de production de force, il est nécessaire de prévoir une usine produisant: 1º l'électricité pour l'éclairage et la marche des moteurs secondaires: monte-charges, ventilateurs etc.,; 2º la vapeur utilisée pour le chauffage.

Il est d'ailleurs avantageux dans un établissement ordinaire de grouper en un seul centre de force les énergies différentes dont on a besoin dans les divers services. C'est ainsi qu'il est bon, dans un hôpital, d'avoir une chaufferie et une machinerie assurant le service de la cuisine, de la buanderie, des bains, du chauffage. etc. On réalise ainsi une économie sensible dans le personnel nécessaire.

Cependant. cette solution n'est pas toujours lsa meilleure. et c'est précisément le cas de notre sanatorium dans lequel les bâtiments, éloignés les uns des autres, constituent chacun un service isolé devant pourvoir à ses besoins et ne devant pas logiquement emprunter de la vapeur à un centre de production distant de cent ou deux cents mètres.

Nous avons donc placé, à la buanderie. aux bains, à la cuisine, une petite chaudière assurant le service de chacun de ces bâtiments. L'usine sera établie pour l'éclairage et la marche de tous les moteurs électriques et aussi pour le chauffage du bâtiment principal.

Il est nécessaire de fournir aux constructeurs des chaudières et des moteurs les dimensions principales, la force maxima, les conditions de marche, etc. Ce sont ces questions que nous allons traiter sans décrire aucunement les appareils mécaniques choisis, et sans pousser dans le détail les calculs qui nous feraient sortir de notre sujet.

Examinons d'abord, dans chaque service, la nature et la valeur de l'énergie dont nous avons besoin :

		Kw.
BATIMENT PRINCIPAL...	4 ascenseurs demandant : 4×4 kw. =	16,00
	2 monte-linge — 2×4 kw. =	8,00
	2 monte-lits — 2×4 kw. =	8,00
	1 monte-plats — 1×4 kw. =	4,00
	1 compresseur d'air 1×4 kw. =	8,00
	1 commutatrice pour ozoniseur . . =	5,00
	14 ventilateurs. . . . = 14×3 kw. =	42,00
	Eclairage : 1100 lampes × 50 watts =	55,00
CUISINE...	Monte-charge. . . . . =	2,00
	Moteur pour wagonnet . . . . . . =	2,50
	Eclairage . . . 50 lampes × 50 w. =	2,00
BAINS...	Eclairage . . . 30 lampes × 50 w. =	1,50
LINGERIE...	Eclairage . . . 10 lampes × 50 w. =	0,50
PHARMACIE ...	Eclairage . . . 10 lampes × 50 w. =	0,50
INFIRMERIE. ...	Monte-lits . . . . =	2,90
	Eclairage. . . . 80 lampes × 50 w. =	4,00
BUANDERIE ...	Eclairage . . . 50 lampes × 50 w. =	2,50
CHAPELLE ...	Eclairage . . . 30 lampes × 50 w. =	1,50
SERVICE DES MORTS...	Eclairage . . . 20 lampes × 50 w. =	1,00
ADMINISTRATION ET CONCIERGES...	Eclairage . . . 100 lampes × 50 w. =	5,00
POMPES...	2 moteurs . . . . 15 × 2 =	30,00
RÉSERVOIRS...	Eclairage du gardien 10 lam. × 50 w. =	0,50
USINE...	Eclairage . . . 30 lampes × 50 w. =	1,50
Lampes à arc pour les jardins	10 lampes × 350 w. =	14,00
	Total.	213,00

Fig. 36. — Perspective de l'usine.

Soit, — étant donné qu'il n'y aura pas à fournir ensemble tous les services, — 200 kilowatts à produire.

L'énergie électrique nécessaire est donc de 200 kws.

Nous calculerons l'énergie à produire avec un rendement de 0,80 ce qui donne :

$$\frac{200}{0,8} = 250 \text{ kilowatts.}$$

Dans notre calcul nous avons presque supposé le cas exceptionnel où tous les services auraient besoin simultanément de toute leur énergie. Ce cas n'arrive jamais dans une installation importante, nous pourrons donc établir notre usine avec trois groupes électrogènes de 100 kilowatts chaque, deux de ces groupes suffiront en temps ordinaire pour assurer le service et le troisième sera utilisé comme secours.

Chaque groupe possèdera un moteur à vapeur dont la force en régime normal, et en tenant compte du rendement, se déduit de l'énergie que doit produire la dynamo. Cette force maximum du moteur peut ici se prendre égale à 170 chevaux.

Calculons le poids V_0 de vapeur consommé par un moteur ; nous avons :

$$T = 170 \text{ chx} \times 75 = \rho \, V_0 \, h \left(1 + 2,3 \log \frac{z}{z_0} - \frac{h'}{h} \frac{z}{z_0} \right)$$

ρ est le rendement $= 0,8$.

h pression d'admission supposée égale à 10 kg.

$\dfrac{z}{z_0}$ détente $= 12$.

h' contre-pression $= 0$ kg.125 ; remplaçons :

$$12\,750 \text{ kg.} = 0,8 \, V_0 \, 10 \left[1 + 1,07 \times 2,03 - 0,15 \right]$$

qui donne : $V_0 = 490$ litres par seconde, c'est-à-dire $0,490 \times 3\,600 = 180$ mètres cubes de vapeur à 10 kg. pesant $180 \times 5 = 900$ kg., soit : $\dfrac{1,25 \times 900}{170} = 6$ kg.4 de vapeur à produire dans la chaudière par cheval et par heure (1,25 tient compte du rendement).

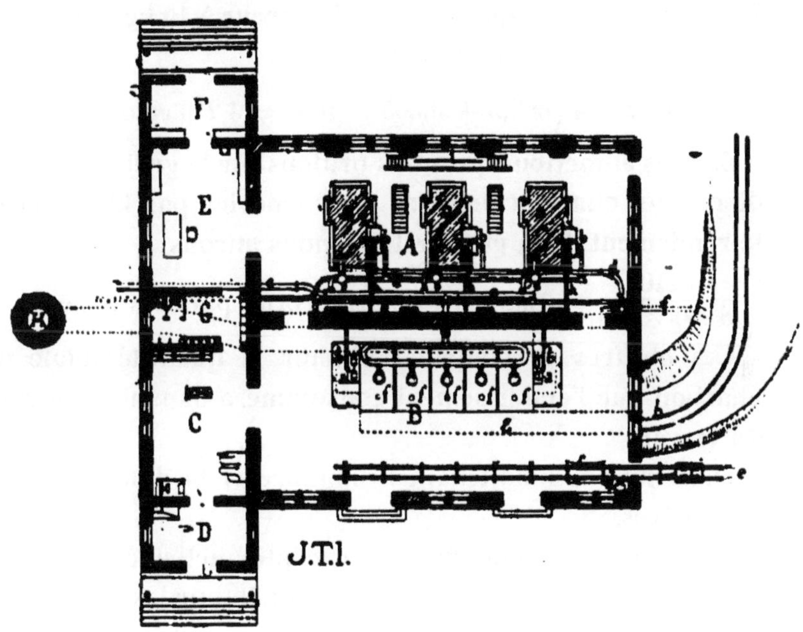

Fig. 37. — Plan de l'usine.

LÉGENDE :

A *Machinerie.*

a Massifs des groupes.
b Condenseurs.
c Conduites de vapeur.
d Echappement libre.
e Aqueduc recevant l'eau du réservoir par la conduite f
g Conduit d'eau de condensation.
h Aspiration des condenseurs.
i Tableau de distribution.
s Sécheurs.

B *Chaufferie.*

a Petits chevaux.
b Bâches d'alimentation sur pylones.
c Bascule.
d Moteur électrique.
e Voie du charbon.
f Chaudières.
g Galerie en sous-sol.
h Voie d'escarbilles.

C Atelier ; D Forge ; E Bureau ;
F Entrée et vestiaire ; G W.-C. et lavabos ; H Cheminée.

Nous en déduisons le poids de charbon nécessaire par cheval-heure :

$$U = P\left[606,5 + 0,305\,(T - t)\right]$$ représente la quantité de chaleur qu'absorbe la vapeur pour se former et atteindre T°, P = 6 kg. 4 ; T température de la vapeur à 10 kg. = 178° ; *t* température d'alimentation = 15°.

$$U = 6,4\left(606,5 + 0,305 \times 163\right) = 4\,210 \text{ calories.}$$

Si nous admettons que nous brûlons sur la grille des chaudières, un charbon donnant 8 000 calories par kilog., et si le rendement de la grille est 0,6, nous aurons :

$$\frac{4\,210}{8\,000 \times 0,6} = 0\text{ kg. 860 de charbon brûlé par cheval-heure.}$$

Ces chiffres permettent d'obtenir la quantité totale de charbon que l'établissement consommera dans une journée de travail.

Déterminons maintenant le nombre et la dimension des chaudières.

Nous avons dit plus haut qu'exceptionnellement les trois groupes marcheront ensemble. Il faut établir les chaudières pour ce cas ; car il est toujours nécessaire de compter largement dans ce calcul afin de pouvoir à la rigueur, arrêter une chaudière demandant des réparations sans gêner le service.

Nous avons donc 500 chevaux de force à produire, ce qui correspond à 6,4 × 500 = 3 200 kilogrammes de vapeur.

Il nous faut donc, en comptant avec une production de 14 kilos de vapeur par mètre carré de surface de chauffe :

$$\frac{3\,200}{14} = 230 \text{ mètres carrés de surface.}$$

Deux chaudières de 120 mètres carrés assureront donc le service des moteurs.

Il nous faut ajouter pour le chauffage, deux chaudières de même surface, comme nous le verrons ultérieurement.

Nous établirons donc cinq chaudières de 120 mètres car-

Usine Génératrice
(Électricité et vapeur)
Élévation
0,01 p.m
Coupe Jeanportand
Échelle 0,01 p.m

Fig. 38.

rés, l'une d'elles étant en prévision des réparations aux autres.

Il nous reste à déterminer la surface de grille de chaque chaudière:

Les 500 chevaux à produire demandent:

$$500 \times 0 \text{ kg. } 86 = 430 \text{ kg. de charbon.}$$

Si nous admettons 75 kg. de charbon brûlé par heure et par mq. de surface de grille, les 430 kg. correspondent à :

$$\frac{430}{75} = 5\,\text{mq.}70$$

répartis en deux chaudières, donc chaque chaudière aura 2 mq. 85 de surface de grille.

Ces calculs simples suffisent dans la plupart des cas et permettent l'établissement de l'usine, dont nous pouvons donner maintenant quelques détails.

Il serait naturel, puisque l'usine fournit l'énergie à tous les pavillons, de la placer au centre du terrain occupé par l'établissement. Cependant, en raison de la facilité d'accès et du transport de charbon, d'escarbilles, et des fumées sortant de la cheminée, il est préférable de l'éloigner du bâtiment des administrés.

La forme du bâtiment dépend essentiellement des machines choisies d'après le terrain disponible. Quel que soit le type des machines, une usine électrique doit comprendre deux bâtiments, l'un contenant les chaudières et l'autre les groupes électrogènes. La hauteur de la salle des machines doit être suffisante pour permettre le déplacement d'une machine au-dessus d'une autre sans interrompre le fonctionnement de celle-ci. Il y a lieu de prévoir dans cette salle un pont roulant utilisé d'ailleurs pour le montage des groupes et pouvant rendre dans la suite de grands services, notamment pour les réparations des machines, pour le démontage de l'un quelconque de leurs organes.

La salle des chaudières doit être vaste, claire et surtout bien ventilée, afin d'y permettre un séjour supportable quant à la température. Dans tous les cas, il faut éviter le plus possible la disposition adoptée cependant dans quelques installations et dans laquelle la chaufferie se trouve enterrée.

Lorsqu'on dispose de peu de place, on peut adopter une disposition en étages, la chaufferie étant au-dessus de la machinerie : les chaudières représentant un poids mort seront aux étages supérieurs et les machines susceptibles de donner des trépidations pourront s'établir au rez-de-chaussée.

Une disposition semblable et importante, à New-York, a permis d'installer tout le matériel dans un emplacement représentant une surface de 0 mq 18 par cheval-vapeur.

Nous représentons fig. 36, 37 et 38 la perspective ainsi que les plans et coupes de l'usine que nous avons adoptée dans notre projet. Dans la chaufferie B se trouve une voie *e* sur chevalets, où les wagonnets de charbon venant du parc seront hissés par un petit moteur électrique jusqu'à l'entrée dans la chaufferie. Dès leur entrée, les wagonnets circulent sur la voie par la pente de celle-ci et viennent s'arrêter devant les chaudières *f*, le chauffeur plaçant préalablement un arrêt sur la voie. Quant aux escarbilles, elles sont reçues par un wagonnet, en *h*, situé dans une galerie *g* qui communique avec chaque chaudière par une trémie débouchant sous le foyer. Ce dispositif empêche l'introduction d'eau sous la grille, mais les avantages compensent cet inconvénient. Il existe d'ailleurs plusieurs usines électriques dont les chaufferies sont établies de cette façon (1).

(1) Nous citerons l'usine électrique de Bezons.

L'établissement étant supposé près d'une rivière et possédant son régime propre d'alimentation d'eau, nous avons établi dans le sous-sol de la machinerie A un aqueduc *e* recevant l'eau du réservoir et dans lequel les machines puiseront l'eau nécessaire pour la condensation et pour l'alimentation des chaudières (1).

La coupe de la figure 38 indique que nous avons adopté des chaudières semi-tubulaires et des groupes électrogènes avec moteurs verticaux compound et à tiroir cylindrique. Les chaudières semi-tubulaires présentent des avantages sérieux et les groupes électrogènes tels que nous les avons indiqués sont peu encombrants (2). Nous avons été à même de pouvoir les apprécier dans plusieurs installations, mais comme nous avons promis de ne pas entrer dans la description des moteurs et des chaudières, nous tiendrons parole en passant à l'étude de la cheminée, dont nous donnerons dans un but documentaire, le calcul des dimensions.

Nous avons ici à établir une cheminée H devant assurer le tirage des foyers de cinq chaudières, de 120 mq. de surface de chauffe et de 2 mq. 85 de surface de grille chacune.

---

(1) Il doit toujours exister, pour l'alimentation, différents appareils pouvant agir simultanément ou se secourir mutuellement. Dans tous les cas, on doit prévoir des appareils alimentaires pour une quantité d'eau toujours bien supérieure à celle normalement consommée.

(2) Pour donner une idée d'ensemble sur ces groupes électrogènes, nous représentons, figures 39 et 40, un type dont le moteur est vertical, compound et à tiroir cylindrique. Tous les organes en mouvement sont logés dans le bâti fermé de la machine, à l'abri de la poussière et de toutes atteintes extérieures, et cependant demeurent accessibles facilement ; une machine se démontant entièrement en une heure. La lubrification des organes est assurée automatiquement par un bain d'huile surnageant sur de l'eau et que les bielles, dans leur mouvement, projettent avec force sur les organes en mouvement. Ce graissage abondant est un grand avantage ; la machine malgré sa vitesse, ne projette pas d'huile, puisqu'elle est complètement enveloppée et l'entretien est réduit au minimum. Dans ces machines le régulateur est placé dans le volant.

La section minimum d'une cheminée est donnée par :

$$p\,s = 500\,\Omega$$

dans laquelle p : poids de combustible brûlé par mètre carré et par heure, s : surface de grille.

Ici : $500\,\Omega = 75 \times 2,85 \times 5 = 1\,068,75$

$\Omega = 2$ mq. 10,   d'où diamètre $= 1$ m. 60

La hauteur d'une cheminée est donnée par la formule.

$$H = 1 + R$$

R étant la somme des résistances : grille, frottements, changements de direction et de section.

Nous pouvons grouper des résistances en deux : 1º celles dues à la cheminée et au carneau principal ; 2º celles dues au groupe des cinq chaudières.

1º La cheminée oppose une résistance au courant gazeux par le frottement le long de ses parois intérieures :

$$r_1 = \frac{4\,K\,L}{D} = \frac{4 \times 0,014 \times 40}{1,60} = 1,4$$

en supposant *a priori* la hauteur égale à 40 mètres. K coefficient de frottement : 0,014, c'est-à-dire le coefficient des poteries.

Pour que la vitesse moyenne des gaz soit la même dans leur trajet il faut que la section du carneau satisfasse à la relation :

$$\omega_c = \Omega\sqrt{\frac{1 + \alpha\,t_c}{1 + \alpha\,t}}$$

dans laquelle Ω est la section de la cheminée, t la température de sortie des gaz à la cheminée (température que nous supposerons être 200º), t_c la température des gaz dans le carneau (nous la supposerons égale à 350° pour éviter un calcul exact assez long) : $\alpha = 0,00366$.

$$\omega_c = 2,1 \sqrt{\frac{1 + 0,00366 \times 350}{1 + 0,00366 \times 200}} = 2 \text{ mq. } 75$$

obtenus par une section de forme carrée surmontée d'un demi-cercle ayant 1 m. 40 de diamètre, ce qui correspond à un périmètre de 6 m. 40.

Le calcul précédent, du fait qu'il part d'une hypothèse sur les températures des gaz, conduit généralement à une section trop faible des carneaux. Cette section doit être comptée largement et on lui donne ordinairement une surface égale au quart des surfaces de grille. Ici cette section serait donc au minimum 3 mq. 50 (en supposant toutes les chaudières en marche). Lorsque la surface totale de grille dépasse 20 mq. on peut ne prendre, comme section des carneaux, que le cinquième de cette surface.

Pour continuer le calcul, nous conserverons la surface trouvée plus haut.

Nous pouvons alors calculer la résistance due au frottement dans le carneau :

$$r_2 = \frac{\text{K L X}}{\Omega} = \frac{0,014 \times 20 \times 6,40}{2,25} = 0,70$$

il nous faut ajouter la résistance due au changement de direction à la base de la cheminée : chaque changement donne une résistance égale à l'unité, donc ici $r_3 = 1$.

2º Résistance due au groupe de chaudières. En général, on compte pour une surface moyenne de grille de chaudière, une résistance représentée par 7 unités. Comme nous avons 5 fois la surface de grille ordinaire, nous aurons :

$$r_4 = 5 \times 7 = 35$$

Nous avons maintenant à tenir compte de la résistance des faisceaux tubulaires.

Fig. 39. — Moteur type compound (coupe longitudinale).

La résistance dans un faisceau est indépendante du nombre de tubes et se compose de la résistance due à la diminution de section à l'entrée, au frottement dans un des tubes, et à l'élargissement de section à la sortie.

r est donc donné par :

$$r = \left(\frac{1}{\varphi^2} - 1\right) + \frac{4\,K\,L}{D} + \left(1 - \frac{\omega}{\Omega}\right)^2$$

φ est un coefficient $= 0,90$.

L longueur du faisceau tubulaire.

K coefficient de frottement $= 0,006$.

D diamètre d'un tube de section ω.

Ω section du carneau de la chaudière.

Ici, pour un faisceau :

$$r = \left(\frac{1}{0,81} - 1\right) + \frac{4 \times 0,006 \times 3}{0,06} + \left(1 - \frac{0,0028}{0,45}\right)^2$$
$$r = 1,4$$

Pour avoir la résistance due à tous les faisceaux nous pouvons approximativement multiplier par 5 :

$$r_3 = 1,4 \times 5 = 7$$

Nous aurions pu considérer l'ensemble des faisceaux comme un seul faisceau tubulaire et calculer sa résistance.

Il nous reste à compter les changements de direction des gaz dans les chaudières ; nous en comptons cinq.

$$\text{donc } r_6 = 5$$

la hauteur de la cheminée sera alors :

$$1 + r_1 + r_2 + r_3 + r_4 + r_5 + r_6 = 1 + 1,4 + 0,7 + 1,35 + 7 + 5 = 51^m1$$

Ce calcul est en réalité assez pénible surtout si l'on veut calculer exactement les températures exactes des gaz et obtenir rigoureusement les sections des carneaux.

Pratiquement on peut utiliser la formule suivante :

$$H = \left(\frac{7\,P}{P - 30}\right)^2$$

Fig. 40. — Groupe électrogène.

dans laquelle P représente la quantité de charbon consommée par heure, ce qui donne ici :

$$H = \left[\frac{7 \times (75 \times 2,85 \times 5)}{(75 \times 2,85 \times 5) + 30} \right]^2 = 46 \text{ m. } 30$$

On peut plus simplement encore déterminer la hauteur d'une cheminée en prenant de 20 à 35 fois son diamètre à la base. Il y a alors une certaine appréciation que l'expérience permet d'appliquer. Ici, une cheminée de 45 mètres doit donner de bons résultats (1).

Nous terminerons cette étude rapide de la cheminée en disant qu'elle se construit par rouleaux de sept mètres environ de hauteur, dont le fruit varie de 25 à 30 millimètres par mètre.

La stabilité d'une cheminée se vérifie en admettant une pression de vent égale à 135 kg. par mètre carré, donnant alors sur un rouleau de hauteur h une force de renversement :

$$F = 135 \, (R_0 + R) \, h$$

(R_0 et R étant les rayons supérieur et inférieur du rouleau) appliquée au centre de gravité distant de la base de :

$$h_1 = \frac{R + 2 R_0}{3 (R + R_0)} \, h$$

Il reste à composer la force du vent avec le poids du rouleau et le point où cette résultante rencontre la base du rouleau doit être distant de l'axe d'une longueur voisine de $\frac{R}{2}$ et non trop supérieure à $\frac{R}{2}$

Tous ces calculs étant posés, nous pouvons maintenant étudier l'énergie fournie par les moteurs, c'est-à-dire calculer et établir l'éclairage.

---

(1) Si nous avions fait le calcul avec 4 chaudières seulement, c'est-à-dire avec le nombre maximum de chaudières pouvant marcher ensemble, nous aurions trouvé H = 40 mètres.

Éclairage électrique

Nous avons examiné comment il fallait établir l'usine génératrice, nous avons calculé les dimensions principales des chaudières et des moteurs et nous avons adopté des groupes électrogènes composés d'un moteur vertical à grande vitesse et d'une dynamo actionnée directement.

Les moteurs à grande vitesse présentent de grands avantages sur les moteurs à allure lente.

En effet, les moteurs à allure lente sont d'abord d'un prix plus élevé que les moteurs à grande vitesse, leur encombrement est aussi souvent une gêne et, en raison des exigences actuelles qui tendent à produire le maximum de force dans le minimum d'emplacement, cette considération amène souvent l'emploi forcé de moteurs verticaux à grande vitesse (1).

Le type vertical, à cause de la vitesse qu'on peut donner à l'arbre, permet l'accouplement direct de la dynamo et élimine ainsi toutes transmissions, ce qui est encore un avantage sérieux.

Nous pouvons ajouter encore que les moteurs à grande vitesse assurent une diminution notable de condensations à l'intérieur des cylindres et une régularité parfaite dans le mouvement de rotation de l'induit.

Il faut, en effet, quel que soit le type de moteur adopté, assurer une vitesse uniforme de rotation de l'arbre; la moindre irrégularité du mouvement serait intégralement répercutée dans l'éclairage entier, en faisant varier le voltage aux bornes des lampes. C'est pourquoi il ne faut jamais employer des moteurs à vapeur à simple effet, et

---

(1) On construit aujourd'hui des moteurs faisant 400, 500 et même 1 000 tours à la minute.

adopter de **préférence** des machines compound. Les moteurs à gaz, présentant essentiellement une irrégularité de marche, donneront quoi qu'on fasse. des variations assez grandes pour rendre défectueuse la marche des lampes.

Cependant, en utilisant des moteurs à gaz avec explosion à chaque révolution et accouplés convenablement, on peut obtenir un éclairage satisfaisant. mais n'atteignant jamais une grande fixité.

Avant de décrire les dispositions que nous avons cru devoir adopter. nous voulons donner les idées fondamentales que doit avoir le constructeur établissant l'éclairage dans un établissement hospitalier.

L'usine, dans un tel établissement et quelle que soit l'importance de celui-ci. n'atteindra jamais des dimensions et ne doit pas demander une surveillance telle qu'il soit nécessaire d'y installer un ingénieur. Il y aura simplement pour surveiller un mécanicien-chef et son aide. devant assurer le service de l'usine avec le concours de quelques chauffeurs.

Si donc un accident se produit. il faut que le mécanicien soit à même de faire une réparation intelligente, et de plus. comme un mécanicien est susceptible d'être remplacé d'un jour à l'autre. il faut que son remplaçant puisse se mettre rapidement au courant.

C'est en partant de ces principes que nous avons été amené à adopter une installation simple, à courant continu à deux fils (1). avec dynamos excitées en dérivation (présentant pour le couplage la plus grande simplicité), et un tableau de distribution avec le minimum d'organes afin d'en pouvoir expliquer la manœuvre en peu de temps

---

(1) Pour les grands circuits, la distribution dite à 3 fils est plus économique ; mais il y a toujours complication de canalisations.

et d'en permettre la mise en fonctionnement à un mécanicien quelconque.

Parmi les types de dynamos à courant continu, nous avons à choisir entre des dynamos excitées en série et des dynamos excitées en dérivation.

Dans les premières le courant total traverse les inducteurs; lorsqu'on veut régler la production de ces machines, il est nécessaire de produire une variation de vitesse ou de prendre une dérivation de résistance variable sur le circuit des inducteurs.

Dans les secondes, le courant qui traverse les inducteurs résulte d'une dérivation sur le circuit et sur laquelle se trouve intercalé un rhéostat permettant le réglage de la force électro-motrice de la machine.

Non seulement le réglage de la production est plus facile avec les dynamos excitées en dérivation, mais il est aussi plus facile de les coupler en quantité sur les barres du tableau. Ce couplage des dynamos est toujours nécessaire lorsque l'éclairage est quelque peu important, soit pour obtenir le voltage voulu (couplage en série), soit pour éviter une extinction par suite de l'arrêt forcé d'une des machines.

Ici nous employons des dynamos donnant 110 volts aux bornes, et comme nous adoptons une distribution à deux fils, nous n'avons pas intérêt à coupler les dynamos en tension. Nous les couplons en quantité sur les barres du tableau. Or, le couplage en quantité n'est pratique qu'avec des dynamos excitées en dérivation; ce couplage en quantité se fait alors simplement en reliant chaque borne de chaque machine à la barre correspondante du tableau.

Nous adoptons donc des dynamos excitées en dérivation.

Le schéma de la distribution (fig. 41) indique que nous avons quatre circuits partant de l'usine et alimentant les lampes à incandescence des divers services. Nous établissons en outre un circuit spécial pour les lampes à arc et un circuit pour l'alimentation des moteurs, des ascenseurs, monte-charges, etc. Soit en tout 6 circuits distincts partant de l'usine.

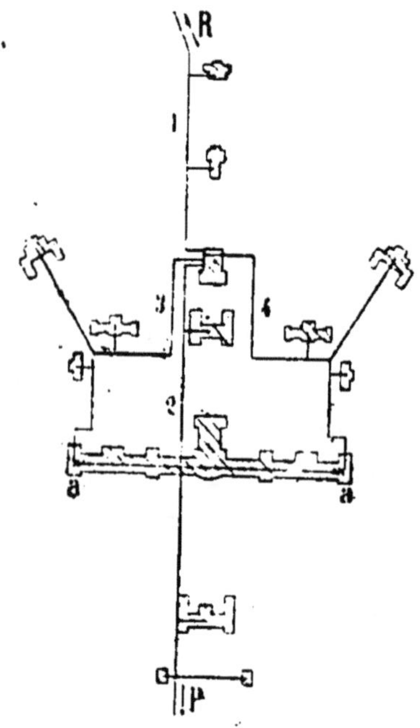

Fig. 41. — Schéma des canalisations électriques.

LÉGENDE

R, Réservoirs. — P, Bâtiment des pompes.

Ceci étant établi, nous pouvons examiner le tableau de distribution.

Tableau de distribution. — Nous avons dit et nous le répétons encore, qu'un tableau de distribution doit être aussi simple que possible, surtout lorsque ce tableau est soumis à la surveillance d'un mécanicien plus ou moins habile et « sciencé » (1).

(1) Le tableau se compliquerait forcément si nous faisions usage d'accumula-

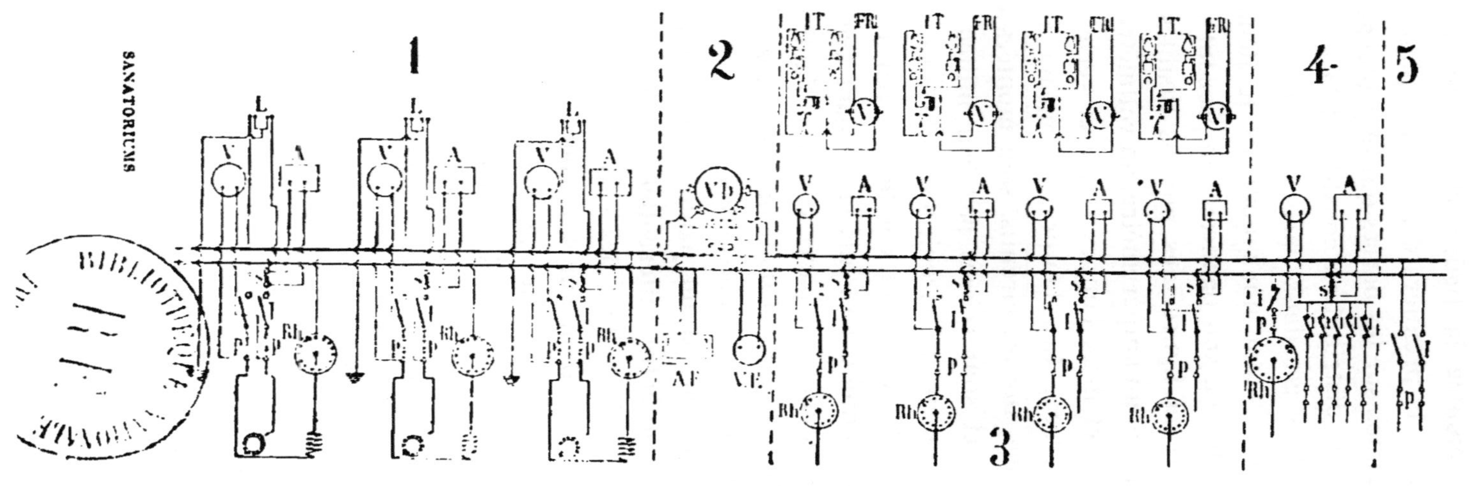

Fig. 42. — LÉGENDE

1 Panneau des machines.	A Ampèremètre.	I Interrupteur bipolaire.	IT Indicateur de tension.
2 — indicateur.	V Voltmètre.	i — unipolaire.	FR Fils de retour.
3 — des circuits des lampes à incandescence.	L Lampes de terre.	VD Voltmètre différentiel.	S Shunt de l'ampèremètre.
	Rh Rhéostat.	AE Ampèremètre enregistr.	
4 Panneau des lampes à arc.	p Plombs.	VE Voltmètre enregistreur.	
5 — des moteurs.			

Comme le montre la figure 42, le tableau se partage en deux parties: la première est réservée pour le couplage des trois dynamos sur les barres qui se prolongent derrière les panneaux de distribution constituant la seconde partie du tableau. Entre ces deux parties se trouve un panneau dit « indicateur » dont nous donnons le détail ci-après.

Chaque machine a son panneau comprenant comme l'indique d'ailleurs la figure. des plombs fusibles, un interrupture bipolaire. un ampèremètre, un voltmètre, un rhéostat d'excitation et deux lampes rouge et verte. dites « indicateur de terre ». Ces lampes. du même voltage que celles employées sur les circuits, sont montées en tension sur les barres et sont reliées par leur milieu à la terre. Lorsque l'isolement du circuit est satisfaisant. les lampes éclairent également. Si un conducteur partant d'une des barres est accidentellement mis en contact avec le sol, la lampe qui correspond à la barre s'éteint et l'autre augmente d'intensité lumineuse. C'est donc un système avertisseur de mauvais isolement des canalisations.

Le panneau-milieu est un panneau indicateur. Il comprend: 1º un voltmètre différentiel servant à la mise en quantité des machines: l'un des enroulements de ce voltmètre est une dérivation sur les barres. l'autre enroulement peut être mis en communication avec l'une des dynamos à mettre en circuit à l'aide de chevilles formant interrupteurs; 2º il est bon de placer sur un tableau un voltmètre et un ampèremètre enregistreurs donnant un tracé per-

teurs. Dans certains établissements, comme l'hôpital Boucicaut, les machines tournent le jour pour l'éclairage et la charge de la batterie qui doit pourvoir seule à l'éclairage des lampes veilleuses pendant la nuit. La batterie sert aussi de secours. A notre avis, l'accumulateur est d'un entretien et d'un montage laborieux. Les batteries compliquent énormément les tableaux de distribution et il faut, autant qu'on le peut, les éviter, comme nous l'avons fait dans notre sanatorium où nous supposons un mécanicien de nuit.

mettant de savoir le voltage et l'ampérage obtenus à l'usine à tel moment de la journée

La seconde partie du tableau comprend les panneaux de distribution au nombre de six. Examinons d'abord le panneau d'un circuit de lampes à incandescence.

Un tel panneau comprend (voir fig. 43) essentiellement la prise sur les barres, un interrupteur bipolaire, des

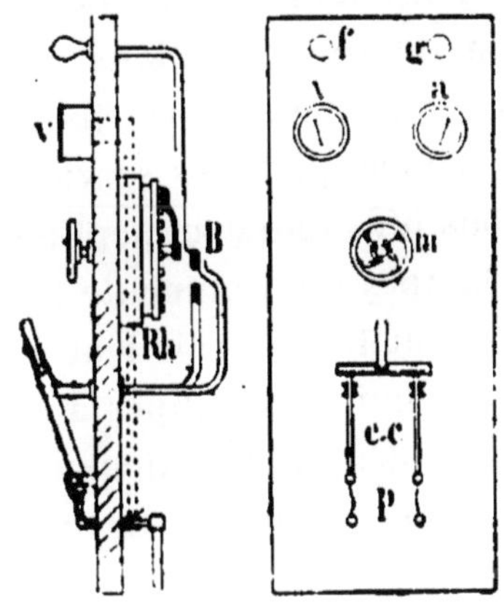

Fig. 43. — LÉGENDE

a Ampéremètre   v Voltmètre
fg Lampes de terre
c c Coupe-circuit bipolaire
p Plombs   m Volant de manœuvre
B Barres   Rh Rhéostat

plombs, un ampèremètre et un voltmètre. Souvent on ajoute un rhéostat permettant le réglage du circuit. Ce rhéostat n'est pas absolument utile, car, les lampes correspondant à ce circuit étant toujours plus ou moins poussées, c'est-à-dire éclairant sous un voltage supérieur à celui théorique de leur construction, il n'y a pas grand intérêt à maintenir un voltage fixe aux bornes des lampes. Ce voltage n'est d'ailleurs pas le même pour toutes les lampes allumées. Si on veut connaître cette perte en ligne totale, on peut ajouter un indicateur de tension qui met constamment sous les yeux du mécanicien le voltage à l'extrémité du circuit et avertit par un signal acoustique et optique si les variations de tension aux extrémités dépassent les limites admises. Cette indication se fait à l'aide d'un premier contact, qui s'établit et qui allume une lampe rouge et actionne une sonnerie si la tension monte trop, et d'un second contact allumant une lampe bleue si la tension baisse au delà de la limite fixée. Nous avons indiqué ce dispositif qui, bien que n'étant pas indispensable, est intéressant et peut rendre quelques services.

Nous verrons plus loin comment on peut, dans un circuit, assurer aux lampes qu'il alimente un même voltage à 1 ou 2 p. 100 près, quelle que soit leur position sur le circuit.

Le panneau relatif aux lampes à arc résulte du mode de distribution adopté. Nous anticipons donc sur l'étude des canalisations, pour permettre la compréhension complète du tableau.

On emploie, en général, pour les lampes à arcs, deux modes de distribution.

Dans une première méthode, les lampes sont placées en série sur le circuit; cette disposition, évidemment très simple, présente de gros inconvénients; l'extinction d'une lampe amène l'extinction de toutes les lampes; de plus, cette disposition entraîne l'emploi de haut voltage, la formation de l'arc exigeant 40 à 50 volts par lampe. Les lampes à arc, montées en série, doivent être alimentées par des machines excitées en série.

La seconde méthode consiste en un groupement des lampes en dérivation sur le circuit principal, et comme chaque lampe à arc, réglée pour consommer 5 à 15 ampères, exige en moyenne 40 volts, on peut placer deux lampes en série sur la dérivation si l'on dispose d'une alimentation de 110 volts, la différence du voltage étant absorbée par une résistance qui doit toujours accompagner les lampes, quel que soit leur montage, et dont nous indiquerons le rôle.

Ainsi, nous pouvons adopter la disposition consistant à prendre sur le circuit autant de dérivations que nous

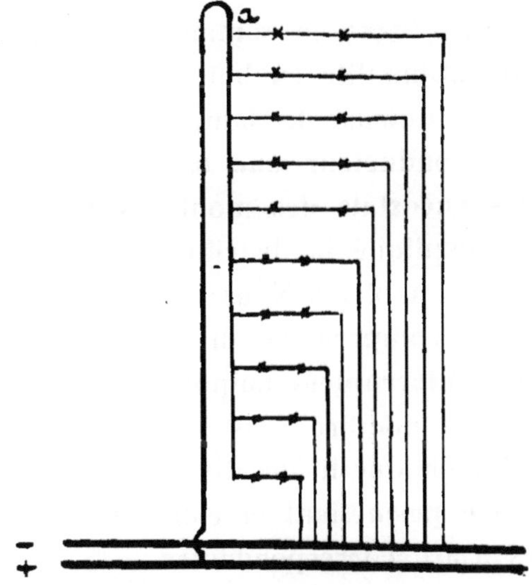

Fig. 41. — Circuit d'arcs.

avons de lampes divisées par deux, et à monter sur chaque dérivation deux lampes à arc et un rhéostat.

Cette manière de monter les lampes ne permet pas la commande de l'usine et c'est le but qu'il faut chercher à atteindre. Nous obtiendrons ce résultat par le montage représenté figure 41.

Dans chaque circuit de lampe à arc nous avons dit qu'il fallait intercaler une résistance. Son rôle est d'absorber un certain nombre de volts, servant ainsi de frein aux variations de l'arc et donnant à l'arc une fixité lumineuse satisfaisante. Ces résistances peuvent être constituées par des rhéostats montés sur les circuits ou bien par le circuit lui-même. C'est le cas représenté ici et dans lequel le câble positif a une section égale (jusqu'en a) à la somme des sections des fils négatifs.

Les lampes sont montées en dérivation deux par deux sur le câble positif bouclé et sur la barre négative du tableau. Ce genre de canalisation assure la même résistance à tous les circuits (c'est en somme une disposition analogue à la distribution dite en boucle), il assure donc une égale intensité lumineuse des lampes. De plus, il permet en donnant au conducteur une résistance convenable, l'économie des rhéostats des montages précédents (1).

Ayant expliqué la distribution adoptée, nous revenons à l'étude du tableau. Nous voyons que le tableau des lampes à arc comprendra un départ de câble positif avec plomb et interrupteur unipolaire, et des arrivées de câbles négatifs en nombre égal à celui des lampes divisé par deux. Sur chaque fil négatif sera intercalé un interrupteur unipolaire permettant la commande de l'usine des deux lampes à arc correspondantes.

Il y aura lieu d'installer un ampèremètre, un voltmètre et un rhéostat absolument utile, placé sur le départ du câble positif.

Quant au panneau des moteurs (monte-charge, ascenseurs, etc.), il comprendra simplement une prise de courant sur les barres, un interrupteur bipolaire et des plombs fusibles.

Sur le circuit partant de ce panneau se brancheront des dérivations aboutissant chacune à un tableau relatif à chaque moteur et placé près de lui. Chacun de ces ta-

(1) Les conduits en cuivre peuvent se remplacer assez avantageusement par des fils de fer, dont la résistance est six fois plus grande. On réalise ainsi une économie sensible.

bleau comprendra: 1º un démarreur formé d'un rhéostat
destiné au réglage de la force électromotrice au démarrage du moteur; 2º un disjoncteur automatique d'un fonctionnement toujours plus sûr que les plombs; 3º un système ramenant automatiquement à zéro l'appareil si le
courant vient à manquer sur la ligne; car si, à l'arrêt
du moteur, l'appareil restait à la position de marche et les
résistances non intercalées, quand le courant reviendrait,
l'intensité qui traverserait le moteur serait considérable,
et outre qu'un démarrage trop brusque pourrait être nuisible aux machines commandées par le moteur, il pourrait arriver que le moteur soit brûlé.

Étude des canalisations. — Le schéma que nous avons
donné figure 11 montre que le cable 1 alimente la chapelle, le service des morts et le bâtiment des réservoirs;
le câble 2 alimente le bâtiment des cuisines, le pavillon des
malades, l'administration et le bâtiment des pompes; les câbles 3 et 4 alimentent les autres pavillons et aussi le pavillon des malades. En a,a, se trouvent deux interrupteurs
permettant d'isoler le câble 2 des câbles 3 et 4 en cas d'ava-
rie ou réparation. Cette disposition est analogue à la
boucle » et assure une bonne répartition du voltage. Elle a
d'ailleurs l'avantage de la simplicité.

Nous avons déjà dit que, théoriquement, toutes les lampes
de l'installations devaient être au même voltage, à 1 ou
2 p. 100 d'écart en plus ou en moins. Les pertes dans le
réseau doivent être les mêmes pour les lampes les plus
près de l'usine et pour les lampes éloignées.

Si je considère, par exemple, le circuit 3 alimentant
les bains, la lingerie et la buanderie, il est évident qu'il
faudrait assurer aux lampes de la buanderie un éclairage
d'intensité égale à celle de l'éclairage des bains.

Pour obtenir ce résultat, le circuit pourra être formé comme nous le représentons ci-dessous. L'un des fils est bouclé et les dérivations des lampes sont prises sur le retour de la boucle et sur l'autre fil (fig. 45). Le courant a, dans ces conditions, toujours la même longueur en fil à parcourir pour alimenter une lampe quelconque.

Cette solution, évidemment très logique, ne s'emploie pas

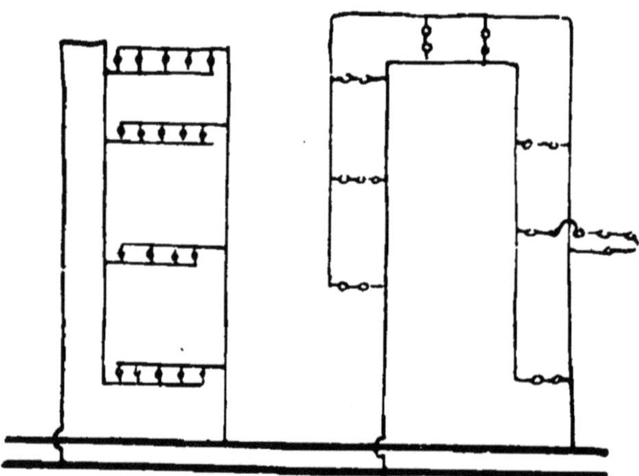

Fig. 45. — Dispositions de circuits assurant aux lampes le même voltage.

souvent dans la pratique, en raison des complications qu'elle entraîne. Il est préférable d'amener le câble principal au centre de l'éclairage du circuit et de rayonner de ce point pour alimenter les divers groupes de lampes.

Plus simplement encore, on pousse suffisamment les lampes pour que, malgré la perte en ligne, le voltage soit suffisant à l'extrémité pour produire un éclairage normal. C'est ce procédé simple que nous adoptons ici.

L'étude de la répartition des circuits étant faite, il faut maintenant déterminer leurs passages. Nous pouvons disposer des égouts qui sillonnent le terrain; dans ce cas il faudrait employer du câble armé, et de toute façon c'est une mauvaise disposition. Les égouts étant toujours humides, contiennent des vapeurs plus ou moins oxydables, etc... Le mieux est de faire une fouille spéciale et d'employer du câble armé. Plus économiquement on peut utiliser un câble nu aérien; ce procédé nécessite des supports et compromet le bel aspect des jardins, c'est pourquoi nous le rejetons.

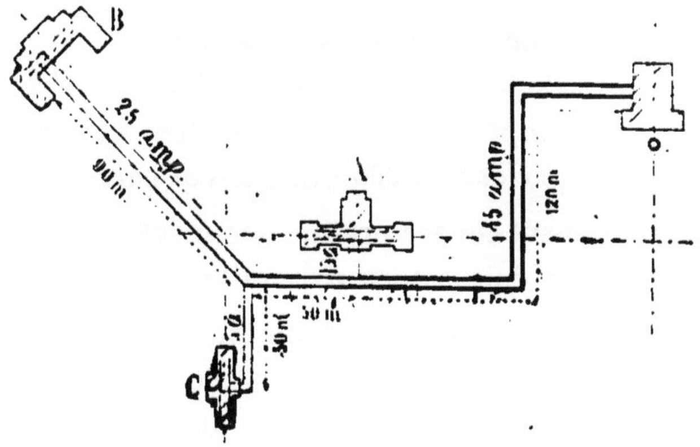

Fig. 46. — Schéma du circuit.

LÉGENDE

A Pains, 30 lampes.   B Branderie, 50 lampes.
C Lingerie, 10 lampes.

A l'entrée de chaque bâtiment, la dérivation qui l'alimente sort de terre et pénètre dans les locaux par deux pipes. A l'intérieur et à l'entrée même du circuit on placera un interrupteur bipolaire général ou coupe-circuit; les fils seront placés sous moulure à la hauteur du plafond. Sur ce circuit se prendront les dérivations des lampes branchées aux points voulus. Chaque groupe de lampes doit correspondre au même service et les lampes sont commandées par un interrupteur unipolaire, unique pour chaque groupe.

Enfin, chaque dérivation devra comprendre, près de sa prise, des plombs fusibles.

Cette description sommaire étant donnée, calculons le circuit des bains, de la lingerie et de la buanderie, l'interrupteur A étant ouvert (voir fig. 46).

Calcul d'un circuit. — La section des conducteurs varie suivant le nombre d'ampères qui doit les parcourir et doit être telle que, par millimètre carré de section, il passe:

> 6 ampères pour les fils nus;
>
> 2 ampères pour les fils isolés à l'intérieur des locaux;
>
> 1 ampère pour câbles fortement isolés de section supérieure à 200 millimètres carrés.

On peut encore pratiquement suivre la règle suivante:

> Il doit passer par millimètre:

3 ampères si la section est inférieure à 5 mmq.

2 —   —   de 5 à 50 mmq.

1 —   —   supérieure à 50 mmq.

La longueur des circuits étant indiquée sur le plan et le nombre de lampes étant connu, on commence le calcul par l'extrémité du circuit.

La dérivation de la buanderie alimente 50 lampes.

Si nous employons des lampes de 16 bougies, consommant 3 w. 5 par bougie, soit : $16 \times 3,5 = 56$ watts, chaque lampe prend

$$\frac{56 \text{ watts}}{110 \text{ volts}} = 0 \text{ amp. } 5.$$

Nous avons donc $0,5 \times 50 = 25$ ampères à transporter à la buanderie.

Le câble aura une section de $\dfrac{25}{2} = 12$ mmq. 50.

La longueur du câble qui va de la lingerie à la buanderie, c'est-à-dire parcourant deux fois cette distance, est $2 \times 90 = 180$ mètres.

La résistance, par kilomètre, d'un fil de cuivre de 12 mmq. 5 est donnée dans les tables, c'est: 1,32, donc

$$r = \frac{1,32 \times 180}{1000} = 0,237.$$

Le perte en volts sera donc: $0,237 \times 25 = 5$ v. 8.

La dérivation de la lingerie alimente 10 lampes, donc reçoit: $10 \times 0,5 = 5$ ampères. Le fil aura une tension de

$$\frac{5}{3\ \text{ampères}} = 1 \text{ mm. } 70,$$ le diamètre sera de 16/10 de milli-mètre.

La longueur de ce fil est de 2×50 m. $= 100$. La résistance du fil de cuivre de 16/10 de diamètre étant 9,43 par kilomètre, la perte en volts sera pour cette derivation:

$$\frac{9,43 \times 100}{1000} \times 5 = 4 \text{ v. } 5.$$

Le câble allant de la dérivation des bains à la dérivation de la lingerie recevra un courant de:

$$5 \text{ ampères} + 25 \text{ ampères} = 30 \text{ ampères}.$$

Sa section sera, en suivant les règles données ci-dessus:

$$s = \frac{30}{2} = 15 \text{ mmq. obtenus avec un câble de 7 fils de 16/10.}$$

Ce câble a une longueur de $2 \times 50 = 100$ mètres.

Sa résistance est:

$$\frac{1 \times 100}{1000} = 0,1$$

donc la perte en volts dans cette portion de canalistion est:

$$0,1 \times 30 = 3 \text{ volts}.$$

La dérivation des bains comprend 30 lampes, soit:

$$30 \times 0,5 = 15 \text{ ampères};$$

le fil aura donc une section de $\dfrac{15}{2} = 7$ mmq. 5, son diamètre sera 30.10, sa résistance : $\dfrac{2,2 \times 20}{1000} = 0,044$, la perte en volt

sera donc, dans ce circuit : $0,044 \times 15 = 0,660$.

Enfin le câble venant de l'usine jusqu'à la dérivation des bains doit amener $30 + 15 = 45$ ampères.

La section sera:

$$\frac{45}{2} = 22 \, \text{mmq. } 50.$$

obtenus par un câble de 12 fils 12/10, sa résistance :

$$\frac{0,722 \times 2 \times 120}{1000} = 0,172.$$

La perte en volts sera donc dans cette canalisation :

$$0,172 \times 45 = 7 \, \text{v. } 74.$$

Ces pertes étant calculées, il faut se rendre compte si les pertes aux extrémités de chaque dérivation sont acceptables. A l'extrémité du circuit de la buanderie nous avons une perte de $7,74 + 3 + 5,8 = 16$ v. 54. C'est une perte forte. Si l'usine fournit le courant à 110 volts, les lampes à l'extrémité de la ligne marchent sous 94 volts seulement. Pour diminuer ces pertes il y a lieu de changer les sections des câbles en conséquence.

Nous aurions pu prendre inversement le problème et nous donner la pente en volts admissible dans chaque circuit. Quoi qu'il en soit, la méthode comporte toujours un tâtonnement que l'expérience réduit au minimum.

Les dérivations de chaque groupe de lampes se calculeraient de même et, pour simplifier, on n'adopte que quelques diamètres de fil à employer et on choisit, parmi ces fils, le fil exactement supérieur à celui donné par le calcul (1).

Nous nous bornerons à ce calcul rapide d'un circuit qui donne la marche à suivre pour toutes les canalisations électriques. Il y aurait encore sur les lampes à incandescence et notamment au point de vue de l'appareillage bien des choses intéressantes à dire. Nous ne pouvons entreprendre cette étude, notre but étant de donner simplement des idées générales.

Quant au circuit des lampes à arc, nous en avons déjà parlé incidemment lorsque nous avons étudié le tableau de distribution et nous avons même indiqué le montage que nous avons adopté. Le calcul des conducteurs se fera toujours en raison de l'intensité transportée.

(1) Le calcul que nous venons de donner suppose le circuit indépendant, mais d'après la disposition adoptée et indiquée dans le schéma général de canalisation, ce circuit forme boucle avec la canalisation 2; il faudrait tenir compte de ceci dans le calcul du conducteur.

CHAPITRE III

De la Désinfection

Après avoir passé successivement en revue tous les services de l'établissement, nous pouvons aborder l'étude générale de la désinfection, commune à tous les services, et compléter ainsi les détails de chaque pavillon.

Avant de parler de la désinfection proprement dite, nous indiquerons les dispositions essentielles à adopter pour les installations dites sanitaires; nous voulons parler des W.-C., lavabos, vidoirs, etc...

Nous avons déjà parlé de la trémie à linge sale et nous avons vu comment cette trémie isolée par un couloir recevait le linge et comment les voitures transportaient ce linge à la buanderie. Nous passons donc à l'étude des W.-C.

W.-C.-Lavabos. — Comme le montre le plan du pavillon principal que nous avons donné au début de cette étude, nous avons groupé dans une même salle isolée par un couloir, les W.-C., les urinoirs, les lavabos et les vidoirs.

Cette solution est excellente: il faut toujours autant que possible placer les W.-C. bien à part et les relier au bâtiment par un couloir en assurant le service.

Quant à la disposition intérieure de chaque cabine, nous ne croyons pas utile de pousser l'exagération hygiénique jusqu'à interdire, comme le font certains docteurs, l'emploi de sièges assis et préconiser les sièges à la turque, donnant comme raison qu'il faut éviter le confortable afin d'abréger le plus possible la visite aux W.-C.

Quel que soit le type de siège adopté, chaque cabine doit avoir un réservoir de chasse marchant par l'action de chaîne, ou encore actionné par la porte. De plus, en tête de la conduite d'évacuation et au dehors des cabines on placera un réservoir de chasse automatique, produisant toutes les dix minutes par exemple, le nettoyage de la conduite horizontale.

La conduite horizontale d'évacuation doit, avant sa communication avec le tuyau de descente. présenter un siphon dont la partie supérieure communique avec l'atmosphère extérieure.

Nous rappelons que tous les angles des murs, cloisons, planchers, doivent être fortement arrondis et les parois construites de façon à permettre un lavage facile; donc, carrelage en grès cérame et revêtement céramique sur les murs.

Les lavabos (fig. 47) devront être simples, sans pieds et pourront être avantageusement pourvus d'eau froide et d'eau chaude. surtout pour les lavabos particuliers annexes de chaque chambre.

Nous ne pouvons parler des lavabos sans dire quelques mots des lavabos spéciaux qui sont applicables aux salles d'opérations. Dans le cas de notre Sanatorium, il pourra y avoir un lavabo spécial à l'infirmerie et à chaque étage.

Ce lavabo que nous représentons figure 48. est basé sur cette exigence: il faut que les systèmes d'alimentation et de vidange soient combinés de telle manière que le chirurgien puisse les manœuvrer sans être obligé de les toucher avec la main ou même avec le coude.

Les robinets d'eau froide et d'eau chaude se commandent alors par deux pédales D et E. Le chirurgien agira sur l'une ou sur l'autre pour avoir de l'eau froide ou de l'eau chaude. En agissant simultanément sur les deux pédales il aura de l'eau tiède. La vidange du lavabo se fait par le robinet **A** commandé par le genou du chirurgien.

L'alimentation des lavabos en eau chaude se fera par un réservoir dont nous examinerons le chauffage ultérieurement.

La salle d'opérations devra aussi permettre la stérilisation chimique des mains du chirurgien. Suivant la méthode clas-

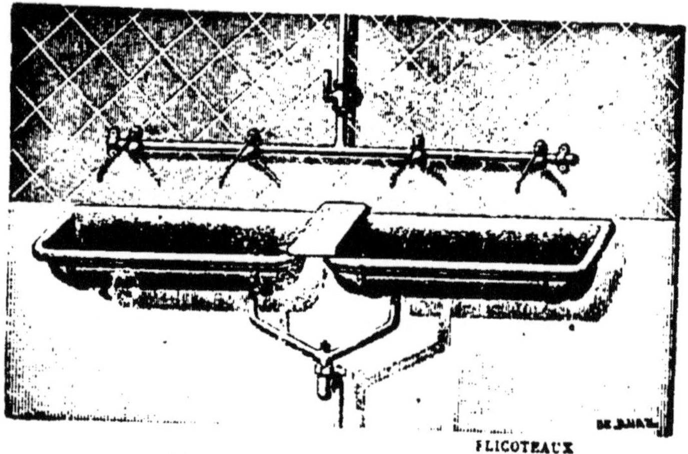

Fig. 47. — Lavabo, auge en grès.

sique, cette stérilisation chimique doit comprendre quatre lavages des mains : 1° dans une solution de permanganate de potasse ; 2° lavage dans une solution de bisulfite de soude (pour enlever la coloration laissée par le permanganate ; 3° lavage à l'alcool ; 4° lavage au sublimé. Ce dernier lavage se pratique souvent dans des porte-capsules placés à proximité de la salle d'opérations.

Les solutions énumérées ci-dessus seront contenues dans une série de barillets en verre (1) (fig. 51).

(1) Les lavabos des salles d'opérations peuvent être alimentés par de l'eau stérilisée à l'aide d'appareils que nous avons signalés lorsque nous avons traité de l'infirmerie, ou par de l'eau bouillie chaude et froide, et cela suivant les exigences du chirurgien. Nous aurons l'occasion d'y revenir lorsque nous parlerons de l'alimentation en eau.

Nous venons de voir les installations recevant les eaux
et matières d'évacuation. Toutes les eaux et matières arrivent en sous-sol des pavillons et il faut les stériliser
avant de les rejeter à l'égout devant les conduire en aval
du cours d'eau passant au bas de la vallée.

Fig. 18. — Lavabo d'opération.

Stérilisation des déjections. — Cette stérilisation peut se
faire par plusieurs procédés plus ou moins satisfaisants.
Voici quelques méthodes déjà employées et donnant de bons
résultats.

A Grabowsee, la maison Erich Merten et Cie, de Berlin, a
établi un système ainsi formé :

Un bassin de sédimentation reçoit les eaux et matières de
déjection qui le traversent avec une vitesse faible, de ma-

nière à permettre le dépôt des matières solides. Les liquides se rendent dans un autre bassin garni de cailloux et achevant la séparation d'avec les matières en suspension.

Fig. 49. — Vidoir ovale en grès pour pavillon de malades.

A la suite se trouve un filtre de sable destiné surtout à ménager les filtres de coke et les chambres d'oxydation où les eaux se rendent après le passage dans le filtre à sable. Pendant qu'un filtre à coke fonctionne, l'autre se repose de façon à pouvoir être soumis à une régénération par voie biologique et chimique.

L'eau sortant des filtres se dirige vers des fossés dont elle pénètre peu à peu le sol, et comme elle est débarrassée de toutes les matières mucilagineuses que contiennent toujours les eaux de déjection, il n'y a pas à craindre l'obturation de la surface des canaux d'irrigation.

Les eaux de déjection sont amenées à cet ensemble par un système pneumatique formé d'un puisard recevant les eaux, séparant les matières solides, et un éjecteur enlevant les eaux. Cet éjecteur fonctionne automatiquement : quand il est rempli, une pression d'air chasse les eaux et les envoie au bassin de clarification. Les conduites sont munies de clapets évitant les retours en arrière.

A Sülzhayn l'appareil d'épuration est placé à 70 mètres en dessous du Sanatorium, au milieu des bois. Les matières fé-

Fig. 50. — Lavabo de la salle d'opération de l'hôpital civil de Bayonne.

Fig. 51. — Lavabo fixe pour antiseptiques.

cales et les eaux ménagères sont facilement recueillies dans une fosse, d'où elles passent dans des conduits où elles sont mélangées à de la tourbe, à des oxydes métalliques lourds et à des sels de fer. De là elles sont recueillies dans un puits ou caveau qui opère la séparation des matières solides et liquides. Les liquides déjà épurés s'échappent, par la partie supérieure du refoulement d'une pompe et passent par un filtre composé de chlorure de chaux et de coke. Le liquide qui en sort est limpide et les analyses chimiques et bactériologiques ont montré qu'il ne contenait aucun élément nuisible; on l'utilise pour irriguer les bois.

Quant aux résidus solides restés dans la cuve, on les extrait au moyen d'une pompe; on les comprime en y incorporant de la tourbe pour en faire des briquettes qui sont brûlées dans les chaudières de l'établissement.

Des bassins de clarification de ce genre ont été établis à Tegel, à Spandau, à Postdam, à Baden, etc. Au nouvel hôpital de Nuremberg, il existe une installation complète de désinfection.

Ces procédés sont évidemment, coûteux d'installation et demandent bien des manipulations. C'est pourquoi nous avons établi dans notre Sanatorium des appareils simples placés en sous-sol, à l'extrémité de la canalisation recevant les eaux et matières usées, et dont nous allons donner une description complète.

L'appareil filtrant et incinérateur se compose essentiellement de quatre parties bien distinctes.

1° Une chaudière A, qui peut disparaître si l'on dispose d'une conduite de vapeur; 2° un brûleur de gaz N; 3° une trompe d'aspiration M; 4° une tinette incinératrice SD munie de son filtre et de sa grille.

La tinette (voir fig. 52 et 53) est constituée par un cylindre en fonte et tôle épaisse. De la partie supérieure part la trom-

Fig. 52 et 53. — Vues en coupes d'un destructeur de matières fécales.

pe d'aspiration M, raccordée au brûleur par une partie tronconique.

A l'intérieur se trouve un second cylindre K, fixé en haut par quatre supports au cylindre extérieur et percé de petits trous sur toute sa hauteur. Un espace annulaire sépare les deux cylindres. Une tubulure X raccorde la chute à l'appareil par un tube à glissière.

La partie inférieure D de la tinette comprend un foyer avec sa grille, son cendrier et leurs portes P, C. Au-dessus du foyer est placé un peigne formé de barreaux mobiles, dont l'orifice d'entrée est fermé hermétiquement par un volet Q. Sur ce peigne est disposé un lit de coke, sur lequel viendront tomber les matières arrivant du tuyau de chute

Le fond du cendrier est incliné: dans sa partie basse se trouve une tubulure U, se raccordant avec un conduit par où les liquides s'écoulent dans une cuve de désinfection: un clapet obture cette conduite pendant l'incinération.

Pour terminer cette description de la tinette, nous dirons que les portes P et C sont mobiles et munies intérieurement d'une gouttière de caoutchouc qu'un étrier à vis permet de comprimer à volonté, pour assurer une étanchéité parfaite sous la chute. Pour l'incinération les portes P et C sont remplacées par des portes ordinaires.

La tinette fixée sous la chute est enfermée dans une chambre, dont les parois sont en briques, sauf la paroi antérieure formée d'une porte à deux battants.

La trompe M relie la tinette au brûleur de gaz. Elle est constituée par un conduit de large section, partant du haut de la tinette pour aboutir au bas du brûleur de gaz.

Un éjecteur T est placé à la partie inférieure de la colonne de descente de la trompe, où il lance de la vapeur pour produire une aspiration intense des gaz de la tinette.

Fig. 54 et 55. — Vues en coupes d'un four pour la destruction des ordures ménagères, débris d'opérations, animaux, pansements.

Le brûleur se compose d'une double enveloppe en fonte. dans laquelle se rendent les gaz. A l'intérieur de cette double enveloppe se trouve un fourneau en fonte composé de trois parties emboîtées l'une dans l'autre. Cette enveloppe du foyer est percée de deux rangées de trous placées en F, à distance de la grille sur laquelle on brûle du coke.

Le tirage du brûleur se fait par l'éjecteur de vapeur R placé dans la cheminée L. Si l'établissement possède un générateur, on lui emprunte la vapeur nécessaire. S'il n'en possède pas. le brûleur est surmonté d'une chaudière tubulaire A, dont la vapeur en partie produite par les gaz de combustion de la tinette alimente les deux éjecteurs T et R.

Etudions maintenant le fonctionnement de l'appareil. La chute se bifurque en deux branches, munies chacune d'un robinet-vanne.

Lorsque la vanne est ouverte d'un côté. les eaux et matières tombent dans le destructeur; les matières solides arrivent verticalement et s'arrêtent dans le réservoir K sur la couche de coke que supporte le peigne mobile. Les liquides suivent la paroi du cône et passent dans l'espace libre entre les deux cylindres K et S, pour venir tomber dans le fond de l'appareil. d'où ils sont évacués par la conduite U.

Lorsque le réservoir K est plein on ferme la vanne correspondante. On desserre le collier mobile Z, pour mettre un disque obturateur.

Le réservoir K étant plein. si l'on emprunte la vapeur au générateur de l'établissement. on ouvre le robinet du souffleur R. on allume le feu du brûleur de gaz et. quand il est pris, on ouvre le robinet du souffleur T du destructeur, et on allume son foyer.

S'il y a la chaudière A, on allume le brûleur pour la mettre en pression.

La pression étant obtenue on ouvre le souffleur T, on ferme la communication du destructeur avec la conduite U, puis on allume son foyer.

Après un fonctionnement d'un quart d'heure, on enlève le tampon et le peigne mobile et on remet ensuite le tampon

Tout ce que soutenait le peigne s'affaisse sur le feu et s'incinère, sans qu'il y ait à y toucher.

En une heure tout est détruit, sans odeur ni fumée. Les liquides reçus dans la cuve de désinfection, sont stérilisés par la vapeur ou les agents chimiques. Aucun germe pathogène n'échappe ainsi à la destruction.

Lorsque l'appareil est refroidi, les barreaux mobiles sont replacés, on jette dessus une couche de coke et l'appareil est prêt pour un second fonctionnement.

A titre de renseignement et pour donner une idée de l'encombrement de l'appareil, nous ajouterons qu'un réservoir de 60 litres suffit pour les matières de 100 personnes.

En outre de cet appareil le docteur Bréchot a construit pour les hôpitaux, sanatoriums, etc., un petit four destructeur pour l'anéantissement sans fumée ni odeur, des ordures ménagères, des balayures, des ouates, des pansements, des débris d'opérations, des animaux ayant servi à des études de laboratoire.

Le four est muni du brûleur de gaz décrit plus haut, auquel il est relié par la trompe de vapeur M. Il est construit en matériaux réfractaires enveloppés d'une maçonnerie ordinaire; le tout renfermé dans une enveloppe de tôle.

Une façade en fonte avec trois ouvertures, permet d'opérer le chargement des matières à incinérer par la porte et sur la dalle inclinée D, le chargement du combustible par la porte P, sur la grille G, et donne accès au cendrier C.

Les gaz de la combustion lèchent la sole d'incinération, puis sortent par les deux trous O placés près de la façade, pour se rendre, par deux canaux verticaux S, dans la double voûte qui couvre la chambre d'incinération; de façon à maintenir celle-ci à très haute température. Les gaz entrent ensuite dans la trompe et se rendent au brûleur.

En résumé, le principe de ces appareils est d'incinérer, sous l'action d'un tirage forcé obtenu par éjecteurs de vapeur brassant les gaz et les lançant dans le brûleur, où une partie des vapeurs décomposées en carbure d'hydrogène brûle à haute température, sans qu'il reste trace d'odeur ni de fumée.

Sauf les ouates et pansements qui, dans quelques hôpitaux sont détruits dans des poêles en fonte ou en briques; les immondices sont actuellement jetées au dehors, sans souci de l'énorme quantité de germes qu'elles contiennent et qui vont transmettre hors des hôpitaux, les maladies évitables.

Les destructeurs que nous venons de soumettre au lecteur montrent les efforts faits pour enrayer la marche des maladies contagieuses et complètent le rôle de l'étuve, qui ne fait que s'adresser à la désinfection d'objets de quelque valeur, généralement peu contaminés.

Tout cet ensemble d'appareils destructeurs et la stérilisation chimique des liquides viennent d'être installés, par l'Assistance publique, à l'hôpital d'Aubervilliers qui reçoit les contagieux de la ville de Paris.

Les quelques procédés que nous venons de décrire pour la stérilisation des déjections, comme pour leur incinération et celle des ordures sont suffisants pour donner des idées générales et montrer la nécessité qu'il y a de prévoir la stérilisation et l'incinération qui, toutes deux unies, peuvent seules rendre inoffensif le voisinage de l'hôpital comme du sanatorium.

Les crachoirs. — Dans un sanatorium bien établi, il doit exister deux sortes de crachoirs: crachoirs individuels et crachoirs collectifs.

On connaît suffisamment l'importance du rôle du crachoir pour qu'il soit inutile d'en parler ici.

Nous ne nous occuperons que des crachoirs collectifs, lesquels doivent être installés par les soins de l'architecte.

Fig. 56 et 57. — Crachoirs collectifs.

On peut classer les crachoirs collectifs en deux catégories: les crachoirs sans effet d'eau et les crachoirs à effet d'eau.

Les « crachoirs sans effet d'eau » peuvent être simples, à double parois, avec ou sans cône intérieur. Ils se composent d'une cuvette en une ou deux pièces (celle de dessus en forme d'entonnoir), que l'on place à une hauteur d'environ 0 m. 85 du sol sur un pied mobile en fonte ou sur un support à scellement.

Pour masquer davantage la vue des crachats, et pour réduire la quantité de liquide antiseptique contenu préalablement dans le crachoir, on a eu l'idée de ménager dans la cuvette un cône intérieur.

Les premiers modèles ont été construits en tôle émaillée; aujourd'hui les règles de l'hygiène nous conduisent à conseiller de préférence des crachoirs en grès émaillé.

Les « crachoirs à effet d'eau » sont beaucoup plus hygiéniques. Ils sont en grès et l'effet d'eau destiné à enlever les crachats se produit soit par un robinet à repoussoir, soit à l'aide d'un réservoir de chasse automatique, ou encore par un mouvement de pédale qu'actionne en même temps le couvercle de l'appareil.

Certains crachoirs à effet d'eau, à réservoir automatique, sont pourvus d'une petite fiole à formol placé sur le tuyau d'eau et en communication avec lui. L'eau en descendant du réservoir aspire dans la fiole et s'antiseptise de cette façon.

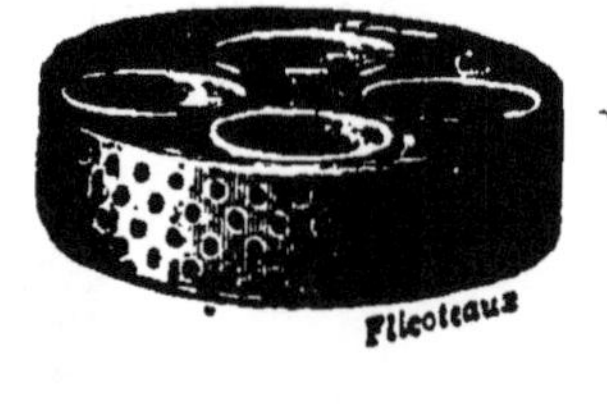

Les crachoirs à effet d'eau se nettoient en même temps qu'on les utilise.

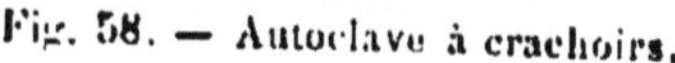

Fig. 58. — Autoclave à crachoirs.

Fig. 59 et 60. — Stérilisateur à crachoirs.

Quant aux crachoirs portatifs individuels ou aux crachoirs collectifs sans effet d'eau, il n'en est pas de même. Il faudra donc en prévoir de temps en temps un nettoyage et une désinfection soignés. Dans ce but, le surveillant les prendra tous les jours; il les mettra dans un panier-véhicule et roulera ainsi tous les crachoirs individuels et collectifs sans effet d'eau jusqu'au monte-charge qui les descendra au sous-sol où s'effectuera la stérilisation.

Souvent la stérilisation des crachoirs individuels s'obtient en les faisant « bouillir » pendant vingt minutes dans de l'eau additionnée de carbonate de soude, ou encore en les lavant dans de l'eau phéniquée au centième. On peut aussi employer un autoclave spécial (fig. 58) dans lequel on laisse les crachoirs exposés pendant vingt minutes en milieu humide et acide à l'action de la vapeur à 100°.

En général, lorsque l'on dispose d'une étuve à désinfection, la stérilisation des crachoirs se fait à l'étuve. Dans le cas qui nous occupe, en raison de l'importance de cette stérilisation, nous avons préféré établir en sous-sol du bâtiment principal, un stérilisateur spécial pour crachoirs (voir fig. 59 et 60). C'est un récipient de 0 m. 70 de diamètre en tôle galvanisée avec fond en cuivre dans lequel on superpose les paniers qui renferment les crachoirs. On verse préalablement dans la cuve quelques centimètres d'eau (on peut y ajouter des cristaux de soude), et l'on chauffe. Un séjour de vingt minutes dans l'eau bouillante suffit pour stériliser les crachoirs.

Fig. 61. Pulvérisateur monté sur roue.

Désinfection des locaux. — Cette désinfection se fera au moyen de l'appareil que nous représentons et dont voici le fonctionnement. On ferme le robinet R et on verse le liquide par la tubulure A. On tient la lance d'une main et l'on pompe de l'autre en appuyant sur la semelle B jusqu'à ce qu'on éprouve une certaine résistance; à ce moment le réservoir C se trouve en pression. On ouvre alors le robinet R et une projection nébuleuse s'échappe de la lance et répand extérieurement le liquide antiseptique placé préalablement dans le réservoir C.

La lance est interchangeable et permet. suivant les dimensions de l'orifice une désinfection par un antiseptique quelconque. Cet appareil peut s'utiliser avantageusement pour le lavage à l'eau des murs des salles (1).

Étuve à désinfection

L'étuve est le seul moyen pratique de produire une désinfection efficace des linges. vêtements, matelas, etc., et c'est un fait acquis que la vapeur d'eau sous pression représente le moyen le plus énergique. pour la destruction de toutes les matières virulentes. La vapeur d'eau à 100° est évidemment active, mais la pénétration complète intérieure est moins bien effectuée. Et dans tous les cas il faut assurer la parfaite évacuation de l'air. et l'obtention d'une température nécessaire à la destruction des germes dans toute la masse à désinfecter.

Une étuve utilisant la vapeur sous pression devient un appareil ne pouvant se confier à toutes les mains. Elle nécessite un étuviste et un aide. où à la rigueur, un seul agent.

Lorsque l'hôpital est important. l'étuve doit être accompagnée d'une chaudière spéciale ou alimentée par une tuyauterie générale. Dans notre Sanatorium, l'étuve placée

(1) Les stérilisateurs pour pansements, compresses, ouate, instruments de chirurgie, etc., dont nous avons précédemment parlé, complètent l'étude de la désinfection.

dans le bâtiment de la buanderie recevra la vapeur de la chaudière spéciale à la buanderie (1).

L'étuve est constituée par un système de deux cylindres concentriques horizontaux rivés sur deux couronnes d'extrémité en fonte portant les charnières des portes et laissant entre eux un espace annulaire. Le cylindre intérieur,

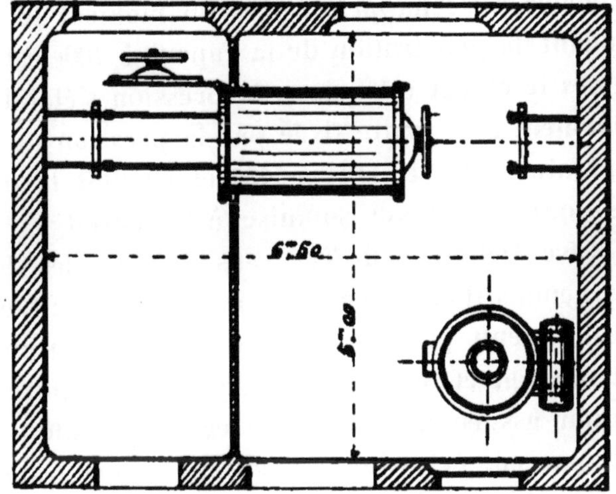

Fig. 62. — Plan d'installation d'une étuve.

fermé par deux portes formant les bases, est construit de façon à pouvoir recevoir un chariot roulant sur rails et supportant le linge à désinfecter. Le chemin de roulement se complète extérieurement à l'étuve, et de chaque côté par des voies mobiles qui reçoivent le chariot avant et après son passage à l'étuve.

Certains constructeurs placent dans l'espace annulaire des surfaces de chauffe dont l'effet est de maintenir la température du tambour intérieur afin d'éviter la condensation de la vapeur lors de son arrivée dans l'intérieur de l'étuve, et encore de produire le séchage en fin d'opération.

(1) Une petite étuve peut être montée directement sur une chaudière *ad hoc.*

Dans d'autres étuves l'espace annulaire est cloisonné en deux compartiments. La vapeur arrive dans l'un d'eux, puis, pénétrant dans le cylindre intérieur, passe sur les objets en traversant longitudinalement l'étuve et revient dans le second compartiment de l'espace annulaire où un clapet à contrepoids permet d'assurer une pression déterminée dans l'étuve. Si le clapet est soulevé, la vapeur commence à s'échapper. Après un moment le jet devient abondant, la pénétration de la vapeur à 100° est suffisante. Si alors le clapet est baissé, la pression s'établit et monte rapidement à la limite fixée par la pression du clapet. La température atteint 110° à 115° et produit la désinfection dans toute la masse soumise à l'appareil.

L'étuve Dehaitre, diffère sensiblement des étuves dont nous venons d'indiquer la marche. Le chauffage de l'étuve est obtenu par une double paroi entourant le corps de l'appareil et où circule la vapeur à 3 kilos. Cette disposition assure un chauffage égal de toutes les parties de l'appareil, évite les condensations sur les parois lors de l'introduction de la vapeur directe et facilite le séchage des objets épais après désinfection.

Les portes sont pourvues de verrous rayonnants se manœuvrant par un seul volant central qui permet d'obtenir un joint rapide par serrage régulier uniforme et progressif donnant toute sécurité.

Le séchage des objets désinfectés peut être obtenu dans l'étuve même sans l'ouverture des portes au moyen d'un éjecteur aspirateur produisant une circulation rapide de l'air dans l'étuve indépendamment du rayonnement par chauffage annulaire.

Le corps extérieur de l'étuve est revêtu d'une enveloppe calorifuge formée d'une tôle vernie absolument unie, facile à nettoyer et formant au moyen d'un matelas d'air un excellent isolant.

Tous les appareils de sûreté et de manœuvre sont groupés sur un même cadre — ce qui facilite la conduite de l'étuve — et comprennent essentiellement (1):

a) Pour l'étuve même:

Une bouteille de séparation d'eau et de vapeur;

Un robinet d'introduction de vapeur;

Un robinet de purge d'air;

Un robinet de purge d'eau condensée;

Fig. 63. — Étuve à désinfection.

Une soupape de sûreté réglée à 750 grammes;

Un manomètre;

Une vanne d'échappement;

Un robinet pour manomètre enregistreur;

Un dispositif d'éjecteur-aspirateur permettant le séchage en fin d'opération;

b) Pour la double enveloppe de chauffage:

(1) L'étuve Fernand Dehaitre peut également, dans certains cas, être munie d'un dispositif permettant l'emploi simultané ou alternatif de la chaleur, du vide et de produits gazeux tels que l'aldéhyde formique.

Un robinet de vapeur d'introduction ;

Un robinet de purge d'eau condensée ;

Une soupape de sûreté réglée à 3 kilogrammes ;

Un manomètre ;

Comment doit-on aménager les locaux de l'étuve ? Il convient d'éviter toute prosmiscuité entre les objets avant et après la désinfection ainsi qu'entre les agents chargés des manipulations.

A cet effet, les locaux comprendront deux pièces complètement séparées par une cloison dans laquelle sera ménagée un carreau vitré (fig. 52). L'étuve, que coupe en plan la cloison, aura une porte dans la pièce recevant le linge infecté et l'autre porte dans la pièce de manœuvre de l'étuve c'est-à-dire dans le côté « désinfection ». Les deux locaux recevront des claies pour poser les objets manipulés.

Si le service de l'étuve est conduit par un seul agent, il faut lui réserver une communication entre les deux côtés de l'étuve, par l'intermédiaire d'un vestiaire-lavabo où, après avoir chargé l'étuve, il ira se passer les mains dans un désinfectant et changer de blouse avant de pénétrer dans le côté « désinfection » pour manœuvrer l'étuve.

En plus de ces deux pièces dont nous venons de parler, il faut prévoir à la suite de la pièce « désinfection » un local pour le séchage. A cet effet, on y disposera des claies et un système pour suspendre les matelas passés à l'étuve, et même leur donner un mouvement facilitant leur séchage général : l'étuviste doit prendre soin d'étendre convenablement les vêtements désinfectés afin de leur donner un bel aspect. Cette précaution n'est pas sans importance.

Dans notre Sanatorium, c'est une étuve de ce genre qu'il conviendra d'adopter. Elle sera utilisée exclusivement pour les matelas et les vêtements.

Les étuves à vapeur sous pression sont trop onéreuses

pour certains petits établissements. C'est pourquoi on construit des étuves à très faible pression et fonctionnant sans surveillance directe (fig. 64). Dans l'étuve à vapeur fluante à très faible pression construite par M. Fernand Dehaître, l'arrivée de vapeur est mise en communication avec le cylindre intérieur au moyen d'un ajutage spécial; la vapeur traverse les objets à stériliser et entraîne méthodiquement l'air opérant un déplacement horizontal à

Fig. 64. — Étuve à basse pression.

la manière d'un liquide; le mélange d'air et de vapeur sort par le fond perforé inférieur du chariot et s'échappe en circulant entre le cylindre et l'enveloppe extérieure dont il maintient les parois à haute température, évitant ainsi les condensations. La désinfection est opérée méthodiquement par courant de vapeur continu. condition essentielle pour enlever en tous les points les chambres d'air qui nuisent à la pénétration des objets par la vapeur. La circulation dure ainsi trois quarts d'heure, au bout desquels on obtient régulièrement 101° à 102° dans tous les points.

L'appareil producteur de vapeur ou vaporigène fonctionne automatiquement sans surveillance: le foyer est à feu continu et l'alimentation se règle d'elle-même au moyen d'un robinet à flotteur.

Laveuse-désinfecteuse. — Il nous faut dire de suite qu'il n'y a pas nécessité absolue d'établir une laveuse-désinfecteuse dans un sanatorium: mais comme nous avons entrepris une étude générale de la désinfection nous décririons cet appareil pouvant s'employer utilement dans les hôpitaux.

Le principe de la laveuse-désinfecteuse repose sur les observations suivantes:

Le linge des hôpitaux, souillé et contaminé, est imprégné de sang, de mucosités, de matières fécales et renferme des produits albuminoïdes qui se coagulent et deviennent insolubles par la chaleur.

Si ce linge est porté à l'étuve avant le lavage, la vapeur agira exactement comme dans l'impression des tissus lorsqu'on veut fixer à l'albumine des matières colorantes, c'est-à-dire que les taches solubles à l'origine deviennent indélébiles et il n'est plus possible de restituer au tissu sa blancheur sans recourir à des agents chimiques. Ainsi on peut humecter les parties salies avec une solution de sulfate de cuivre à la dose de 10 grammes par litre d'eau, puis laver les parties tachées avant le passage à l'étuve.

En résumé, il faut désinfecter après le lavage. Les linges contaminés doivent être tout d'abord trempés et lavés à l'eau froide ou tiède jusqu'à élimination complète des matières coagulables par la chaleur.

Il est juste de dire que, en général, le linge est suffisamment désinfecté par le passage dans les appareils de buanderie: cuviers, machines à laver, et comme il est soumis d'abord à l'essangeage, il n'y a pas à craindre la fixation des taches (1). Ce qui précède ne se rapporte donc qu'au linge très sale particulièrement suspect et demandant une désinfection spéciale à 115° ou 120° (2).

Dans ce cas on fera usage de la laveuse-désinfecteuse de M. Dehaître, dans laquelle le linge est essangé, lessivé, puis rincé dans un récipient complètement clos et sans manipulation de la part du personnel. Le rinçage effectué, on procède à la désinfection dans l'appareil même. Cette laveuse fait donc subir au linge toutes les phases du lavage et une désinfection complète.

La laveuse-désinfecteuse est une machine à laver le linge fonctionnant à l'intérieur d'une étuve à désinfection.

L'étuve ou enveloppe extérieure est constituée par un corps cylindrique composé de deux viroles concentriques en fortes tôles forgées et rivées sur deux couronnes d'extrémité. Ces couronnes forment l'armature de deux portes à charnières dont la fermeture par verrous rayonnants, mus simultanément au moyen d'un seul volant central, assure un joint étanche et rapide.

Ce corps cylindrique est revêtu comme nous l'avons indiqué pour l'étuve ordinaire.

L'espace compris entre les deux viroles du corps cylindrique reçoit la vapeur à la pression de 3 kilos et forme par suite une double enveloppe de chauffage dans toute la périphérie de l'étuve en laissant l'intérieur de cette dernière absolument libre.

Une robinetterie spéciale permet de distribuer et d'évacuer des diverses parties de l'appareil, la vapeur et les

____

(1) Mais il y a lieu de prévoir la désinfection des eaux d'essangeage pendant ou après l'opération, au moyen d'un désinfectant comme le lysol.

(2) C'est pourquoi dans un sanatorium le traitement du linge à la buanderie est suffisant comme désinfection, l'étuve ordinaire étant utilisée pour les matelas, vêtements, couvertures.

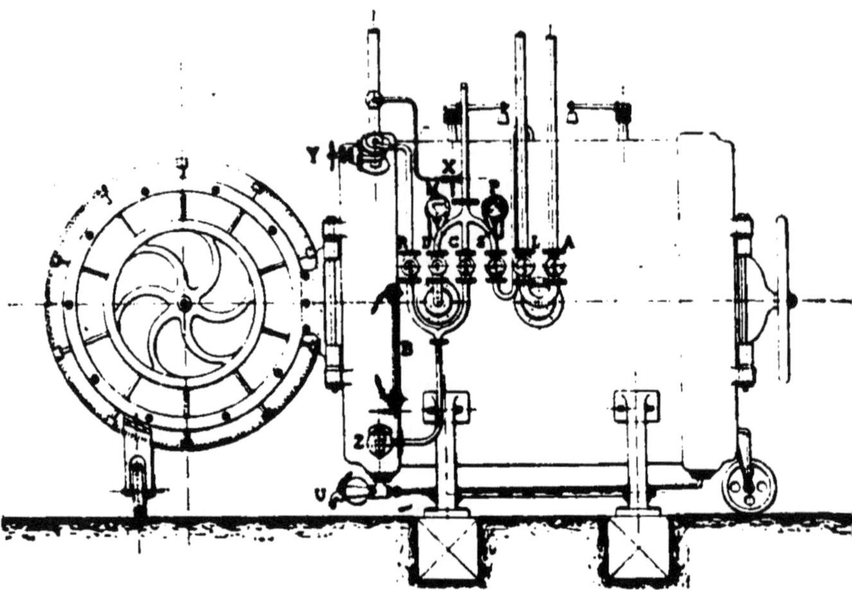

Fig. 65. — Laveuse-désinfecteuse.

LÉGENDE

A Robinet d'arrivée d'eau froide.
L — — de lessive.
C — — de vapeur du barboteur réchauffeur.
E-N — de vidange à 2 directions pour vidange à la bouteille de stérilisation,
     ou directement à l'égout avec cadran indicateur.
B Niveau.
Y Robinet d'échappement de vapeur et de buées.
S — d'arrivée de vapeur pour la désinfection.
D — — — — double enveloppe.
O — de purge d'eau condensée dans la double enveloppe.
U — — — — l'intérieur de l'appareil.
Z Rentrée d'air.
R Purge d'air.
X Robinet de vapeur pour le souffleur-aspirateur en vue du séchage.
P Manomètre de l'intérieur.
M — de la double enveloppe.
J Soupape de sûreté de l'intérieur.
V — — de la double enveloppe.

bains lixiviels nécessaires aux opérations de lavage et de désinfecion.

La laveuse est constituée par un tambour cylindrique en

tôle perforée galvanisée, divisé en deux compartiments par un diaphragme longitudinal en tôle ondulée, perforée galvanisée. Chacun de ces compartiments possède une porte à chaque extrémité de façon à permettre le chargement et le déchargement dans des locaux distincts, condition essentielle dans tout appareil de désinfection.

Ce tambour laveur repose sur les parois intérieures de l'étuve par l'intermédiaire de galets de roulement et le mouvement de rotation de ce tambour est produit au moyen d'une disposition d'engrenages et d'un arbre extérieur dont la commande se fait soit par moteur à vapeur direct fixé sur l'un des bâtis supports de l'appareil, soit par une transmission ordinaire; dans ce dernier cas, un changement de marche automatique assure la rotation du tambour dans les deux sens.

L'installation se complète par une bouteille en tôle de capacité suffisante pour recevoir les divers bains et, en particulier, l'eau d'essangeage qui n'aurait pas subi l'ébullition dans l'appareil. Ces liquides sont alors portés à 115 degrés au moyen d'un barboteur de vapeur avant leur rejet à l'égoût.

Etudions le fonctionnement de l'appareil que nous venons de décrire.

Le linge contaminé ou suspect mis en paquet dans une enveloppe spéciale auprès du malade est immédiatement apporté à la laveuse-désinfecteuse, où il est introduit dans le tambour dont on ferme les portes ainsi que celles de l'étuve.

On introduit alors de l'eau froide de façon à submerger le linge qui est soumis à l'essangeage, le mouvement de rotation du tambour active l'action de l'eau sur les matières solubles à froid: taches albuminoïdes, gommeuses ou sucrées; cet essangeage peut être activé au bout de quelque temps par un chauffage léger de l'eau au moyen d'un barbotage de vapeur.

Le bain d'essangeage est alors évacué au bouilleur-stérilisateur où il sera porté à 115° avant son rejet à l'égoût.

On introduit ensuite dans l'appareil une dissolution de lessive préparée préalablement.

Cette dissolution mélangée avec de l'eau donne un bain

Fig. 66. — Installation d'une laveuse-désinfecteuse avec réservoir à lessive et bouteille de stérilisation.

convenable que l'on porte progressivement à l'ébullition, puis sous pression à 0 k. 750 correspondant à la température de 115 degrés. On obtient ainsi un lessivage sous pression qui dissout toutes les taches du linge. On évacue directement à l'égoût le bain de lavage et on rince le linge soit à froid soit à l'eau tiède.

Après le rinçage, afin d'éviter toute recontamination du linge par les eaux qui ont servi à cette opération, ce qui est nécessaire pour les services de chirurgie et d'accouchement, où le linge doit être absolument aseptique, on soumet le linge à une stérilisation par la vapeur sous pression, comme dans une étuve ordinaire, les taches ayant disparu par le lavage, il n'y a plus danger de fixation de matières colorantes: le mouvement de rotation du tambour intérieur assure le contact parfait entre la vapeur et toutes les parties du linge.

Comme le lecteur a pu s'en rendre compte par la description et le fonctionnement de l'appareil, la laveuse désinfecteuse réunit dans une seule machine les opérations de buanderie et de désinfection: c'est en raison de son intérêt et pour compléter notre étude que nous en avons parlé.

Désinfection au formol (1)

Les vêtements fragiles, les chaussures, les objets de toilette, gants, etc... ne peuvent passer à l'étuve pour être désinfectés. L'emploi du formol a résolu le problème.

« Les expériences de désinfection avec les vapeurs d'aldéhyde formique produites par les appareils à oxydation ou par l'autoclave formogène ont porté sur les locaux dont la capacité variait de 70 à 1.100 mètres cubes et ont été exécutées en se plaçant dans des conditions absolument pratiques.

« La destruction des germes pathogènes soumis aux opérations a été absolue... »

« Ces vapeurs sont extrêmement irritantes, il faut dans la pratique prendre les précautions nécessaires pour éviter leur dégagement dans le voisinage (2).

En raison de cette dernière observation, la désinfection par le formol ne peut avoir lieu dans un sous-sol de

(1) Le formol durcit les substances azotées du genre de la gélatine, et c'est probablement la cause du pouvoir antiseptique du formol : le protoplasma des bactéries se trouvant instantanément durci et celles-ci dans l'impossibilité d'évoluer.

(2) Extrait des *Annales de l'Institut Pasteur*, du 25 mai 1896.

bâtiment habité. La meilleure place à lui donner est à côté de l'étuve à désinfection. Les objets désinfectés par le formol, dans la chambre spéciale annexe de l'étuve, seront envoyés au vestiaire placé dans le bâtiment de la lingerie.

Ce vestiaire, lui aussi, doit être en dehors, de tout bâtiment habité, car l'odeur désagréable du formol s'imprègne fortement dans les vêtements. Pour que la désinfection par le formol soit réellement obtenue, il est nécessaire que toutes les parties de la chambre soient sûrement atteintes par les vapeurs. Pour cela, il importe que l'appareil producteur permette de les projeter, pour ainsi dire, avec une certaine force expansive en leur donnant une certaine vitesse à l'entrée dans la chambre. Cette force de projection ne peut être obtenue qu'avec des vapeurs produites sous pression.

L'appareil que nous représentons figure 67 est constitué par un autoclave dans lequel on introduit le formol du commerce à 40 p. 100, auquel on ajoute 4 à 5 p. 100, d'un sel neutre. On peut pratiquement employer des solutions toutes préparées surtout si on fait usage du chlorure de calcium pour éviter la polymérisation.

Le mélange du chlorure de calcium et du formol produit une élévation de température telle qu'il faut prendre des précautions pour éviter une évaporation gênante au moment de cette préparation.

Si on ajoute le chlorure directement dans l'autoclave avec l'aldéhyde, il faut chauffer lentement, sans quoi la température intérieure monte rapidement, le liquide mousse et obture les orifices des manomètres et du tube de dégagement.

Le chauffage se fait, dans l'appareil représenté, au moyen d'une lampe intensive à pétrole placée sous l'autoclave. On chauffe jusqu'à ce que le manomètre indique une pression de 4 kilos.

On ouvre alors douce-
ment et progressivement
le robinet de dégagement
afin que les vapeurs
soient projetées dans le
local par le tube de pé-
nétration entrant dans la
chambre par un petit
orifice dans la cloison.
Il faut laisser la vapeur
agir pendant 4 heures,
mais sitôt le dégagement
jugé suffisant, le chauf-
fage doit être arrêté et
l'appareil séparé de la
chambre dont on ferme
l'orifice par un petit
tambour.

Nous signalerons que
l'on construit des étuves
à désinfecter pour l'em-
ploi combiné de la va-
peur et du formol. Il
existe aussi de petits stérilisateurs à formol com-
posés d'une vitrine où
l'on dispose les objets.
Cette vitrine communi-
que avec un réservoir

Fig. 67. — Appareil producteur de vapeurs de formol.

placé en bas et disposé pour distiller lentement les vapeurs de formol provenant d'une dissolution à 10 p. 100.

Ces appareils peuvent rendre des services.

Pour terminer le chapitre « de la désinfection », nous ajouterons qu'il faudra prévoir, dans les sous-sols de la cuisine, un stérilisateur de lait ayant ici une certaine importance.

Nous croyons avoir passé en revue les appareils les plus intéressants de la désinfection et avoir envisagé, par leur étude, les cas les plus spéciaux. Il est évident que parmi tous ces appareils il y a lieu de choisir ceux qui répondent le mieux aux besoins de l'établissement et surtout ceux le plus en rapport avec la contagion possible des maladies traitées.

CHAPITRE IV

Alimentation d'eau

Les sanatoriums, comme d'ailleurs les établissements hospitaliers, doivent avoir, autant que possible, leurs sources particulières.

Il n'est pas toujours facile de découvrir une source d'eau pure produisant en quantité suffisante l'eau nécessaire à l'établissement. On sera donc amené à utiliser l'eau d'un fleuve et, avant son emploi, il faudra produire sa purification. L'alimentation d'eau de la ville de Varsovie se fait suivant ce principe: les eaux impures de la Vistule, avant d'être livrées à la consommation, séjournent d'abord dans quatre longs aqueducs dans lesquels elles déposent les terres et particules lourdes qu'elles tiennent en suspension. Les eaux arrivent ensuite lentement à la partie inférieure de filtres constitués par un grand terrain sur lequel on a placé des couches de gravier de plus en plus fin. Les eaux, par différence de niveaux traversent ces couches et sont prises à la surface par des machines élévatoires les emmagasinant dans des réservoirs où des prélèvements bactériologiques témoignent du bon ou mauvais état des filtres dont les matériaux sont remplacés s'il est nécessaire.

Dans notre sanatorium, et pour nous mettre dans les conditions les plus défavorables, nous supposerons l'alimentation par le fleuve impur coulant au bas de la vallée. Il y aura donc lieu d'opérer une stérilisation.

Pour bien comprendre le fonctionnement de la distribution d'eau, nous allons suivre une molécule d'eau dans son chemin: le bâtiment des pompes, placé près du fleuve, reçoit les eaux que les pompes refoulent dans un réservoir situé à 80 mètres d'altitude sur le coteau. De ce réservoir, l'eau est distribuée directement à tous les services n'ayant pas besoin d'eau pure et dans les sous-sols du bâtiment principal où les stérilisateurs d'eau en produisent la purification avant sa distribution par les réservoirs compresseurs d'air.

Bâtiment des pompes

Il nous faut d'abord calculer la consommation probable maximum de l'établissement, et à ce sujet voici quelques chiffres sur lesquels nous allons baser notre calcul.

Ordinairement la quantité d'eau nécessaire à l'alimentation d'une ville se décompose ainsi: 40 à 50 p. 100 pour les ménages, 10 à 30 p. 100 pour les besoins de l'industrie, 20 à 25 p. 100 pour l'arrosage et nettoyage et 10 à 15 p. 100 pour les fontaines et incendies.

On compte comme dépense journalière 30 litres pour une personne, 90 pour un cheval, 50 à 300 litres pour une voiture, 300 litres pour un bain, 15 à 35 litres par cheval et par heure pour une machine à échappement. Enfin l'arrosage des jardins peut se compter à raison de 5,000 litres par an et par 10 mètres carrés.

D'une façon générale, on peut admettre une consommation journalière de 200 litres par habitant de grande ville, ce chiffre étant dépassé de beaucoup dans certaines villes.

D'après ces données, et en admettant 300 habitants dans notre sanatorium, la consommation serait de

$$300 \times 300 \text{ l.} = 90.000 \text{ litres.}$$

en admettant 300 litres par personne.

Ce chiffre ne tient pas compte de la consommation de

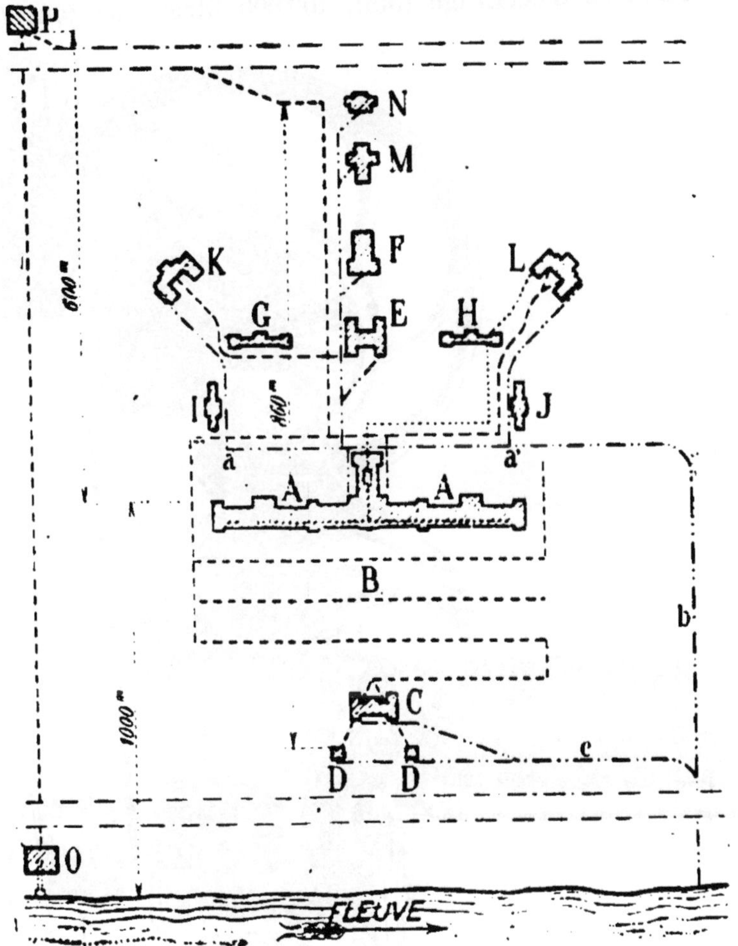

Fig. 68. — Plan général de la distribution.

LÉGENDE

-------------------------------- Eau des pompes.

.... Eau stérilisée.

—··—··—··—··—··—··—. Eaux résiduelles.

Pour les lettres de référence, se reporter au plan général (fig. 4).

l'usine dont les machines à condensation peuvent consommer

$$340 \text{ chx} \times 300 \text{ l.} = 102.000 \text{ litres}$$

à l'heure, soit. en tenant compte seulement du nombre d'heures d'éclairage total, 100.000 litres par jour (1).

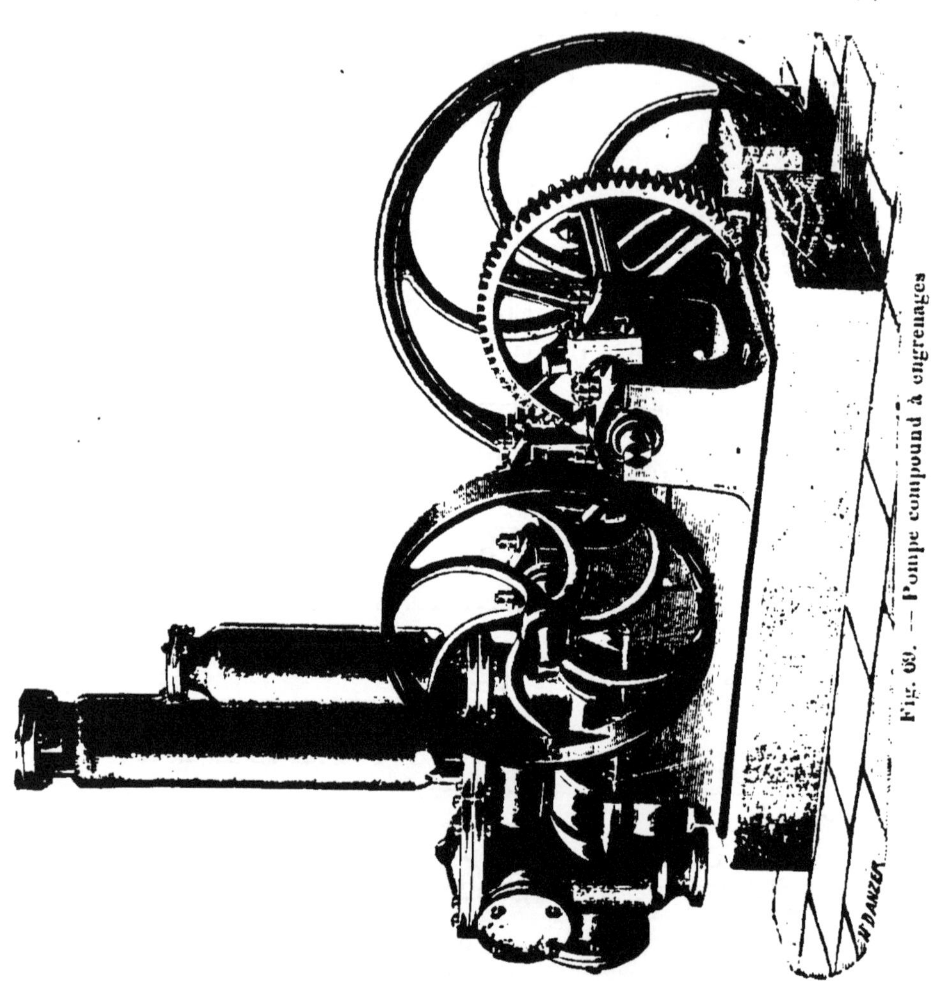

Fig. 69. — Pompe compound à engrenages

Il faut encore ajouter la quantité d'eau absorbée par le chauffage du bâtiment principal; quantité qui atteint comme nous le verrons ultérieurement 4.000 litres par heure

$$4.000 \times 24 = 96.000 \text{ litres par jour.}$$

(1) Ce chiffre suppose qu'il n'y a pas d'éclairage de nuit. Les machines tournant seulement quatre heures.

En additionnant ces chiffres et en ajoutant encore les consommations des chaudières spéciales de la buanderie de l'infirmerie, etc., nous arrivons à un total de

600.000 litres par jour (1).

Si les pompes fonctionnent douze heures elles devront débiter par seconde

$$\frac{600.000}{12 \times 60 \times 60} = 15 \text{ litres, pesant 15 kilogrammes}$$

Ces 15 kilogrammes doivent être élevés à 80 mètres.

$$\frac{1}{0,85} \times 15 \text{ kg.} \times 80 = 1.400 \text{ kgm.}$$

représentent le travail nécessaire, 0,85, étant le rendement.

Pour actionner les pompes il nous faudra donc, à priori, des moteurs de 15 kilowatts.

Le service sera assuré par deux groupes marchant alternativement de façon à avoir constamment un groupe de secours. Chaque pompe doit donc fournir la totalité de la consommation.

En raison de la hauteur importante du refoulement et du grand débit de la pompe, un type différentiel est applicable. C'est la pompe qui convient spécialement pour les refoulements à grande hauteur. Sa disposition de piston différentiel permet de réaliser le double effet avec deux clapets seulement, ce qui simplifie l'appareil dont l'entretien est facile.

Le type de pompe adopté doit pouvoir débiter 51 mètres cubes à l'heure ce qui est réalisé avec des diamètres de pistons de 300 et 220 millimètres, la course étant de 250 millimètres.

A cause de la commande par moteur électrique tournant à 720 tours environ par minute, la pompe doit être munie

(1) Ce chiffre pourrait être diminué en utilisant l'eau de condensation de moteurs et l'eau du chauffage.

d'un arbre secondaire et d'un système d'engrenages abaissant la vitesse à 54 tours.

Pour cela les engrenages seront dans le rapport de 1 à 3 et l'arbre intermédiaire fera 160 tours environ. Si la poulie du moteur a 0 m. 35 de diamètre, la poulie de la pompe calée sur l'arbre intermédiaire aura

$$\frac{0,35 \times 720}{160} = 1 \text{ m. } 55 \text{ de diamètre.}$$

Ces calculs posés, nous pouvons aborder une description sommaire de l'installation que nous représentons.

La prise d'eau se commande par une vanne et demande un aménagement convenable du fleuve en cet endroit. Une grille arrêtera les matières solides. L'eau communique avec le puits par un aqueduc plein d'eau dont les parois doivent être calculées en vue de la pression d'eau qu'elles supportent.

Les pompes puisent l'eau par l'intermédiaire d'une crépine. Le refoulement possède un réservoir d'air placé sur la conduite même et devant assurer un mouvement à peu près régulier de l'eau, malgré l'effet alternatif des pompes (1).

Pour diminuer la hauteur d'aspiration, les pompes sont placées en contre-bas des moteurs.

Un indicateur électrique donnera constamment au mécanicien des pompes la hauteur d'eau des réservoirs.

Conduite de refoulement

Pour avoir une vitesse moyenne de 0 m. 70 dans la conduite de refoulement il faut, avec un débit de 15 litres un diamètre de 0 m. 16.

---

(1) Le volume de ce réservoir se prend dans les longues conduites égal à 5 ou 6 fois le volume d'une cylindrée.

Lorsque l'aspiration est supérieure à 4 mètres, on y place également un réservoir d'air.

Calculons dans ces conditions le travail réel des pompes.

La perte de charge due à l'aspiration est négligeable. Celle due au refoulement est égale à

$$h_0 = \frac{(V - v)^2}{2\,g} + \frac{4\,B\,V^2}{D}\,L + \frac{V^2}{2\,g}\,\frac{1}{2}.\frac{V^2}{2\,g} \qquad (1)$$

résultant des changements de vitesse du fluide à l'entrée

Fig. 70. — Pompe différentielle.

et à la sortie de la conduite et de la perte dans la conduite.

V vitesse dans la conduite,

v vitesse du piston de la pompe.

D diamètre de la conduite de longueur L.

Le travail moteur est alors donné par

$$T_m = \left(H + h_0 + \frac{v}{\pi\,S}\right)$$

Ce 3e terme étant le travail de frottement dans la pompe, S est la surface du piston.

Pour le calcul on peut ne conserver que le second terme de l'équation (1) dans lequel

$$B = m + \frac{n}{D}$$

$$m = 0,0005$$

$$n = 0,000012.$$

On trouve $h'_0 = 11$ mètres.

Plus simplement on peut calculer la perte de charge par mètre de conduite par la formule de Darcy

$$J = \frac{4}{d}\, b_1\, v^2 \qquad b_1 = 0.000507 + \frac{0,00000647}{v}.$$

on trouve ici :

$$J = 0,0071$$

d'où

$$h_0 = 0,0071 \times 1,500 = 10 \text{ m. } 65.$$

On peut encore utiliser la formule

$$d = 0,32 \sqrt[5]{\frac{Q}{J}} : 0,005$$

qui donne

$$J = 0,0072$$

et

$$h'_0 = 0,0072 \times 1,500 = 10 \text{ m. } 80.$$

Enfin il existe des tables qui donnent immédiatement l'une des valeurs D Q J, lorsqu'on en connaît deux.

Le travail moteur est donc

$$T_m = 15 \text{ kg. } (80 + 11) = 1.365 \text{ kilogrammètres}$$

Le travail utile étant

$$15 \text{ kg. } \times 80 = 1.200 \text{ kilogrammètres}$$

le rendement de la conduite est

$$\frac{1.200}{1.365} = 0,87$$

Si on tient compte du rendement des pompes et de la transmission, les moteurs des pompes pourront être de 20 kilowatts.

En augementant le diamètre de la conduite on diminue J et par suite h_0 (1).

Réservoirs

Les réservoirs au nombre de deux sont établis en supposant une réserve d'eau de 1.000 mètres cubes au maximum soit 500 mètres cubes pour chaque, obtenue avec les dimensions.

$$3 \times 14 \times 5 = 550 \text{ mètres cubes}^3.$$

5 mètres étant la hauteur maxima de l'eau dans ces réservoirs.

Tous les robinets d'arrivée et de départ de l'eau ainsi que les clapets sont groupés dans une chambre spéciale dont le sol est au même niveau que le fond des réservoirs.

Nous avons supposé ces réservoirs enterrés et surmontés d'un talus sur lequel se trouvent les tampons de visite.

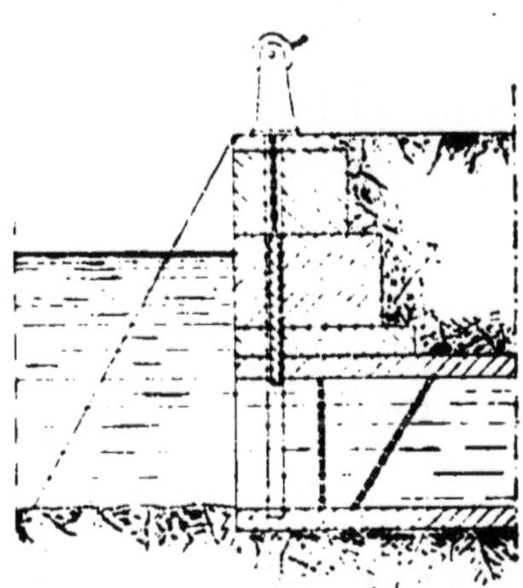

Fig. 71. — Coupes de la prise d'eau.

Les réservoirs en charge de 50 mètres sur le bâtiment principal fournissant l'eau à tous les services qui demandent de l'eau non stérilisée, ils donneront aussi l'eau d'arrosage. Pour cette distribution, les conduites seront placées dans les égoûts et en caniveaux.

Mais, comme nous l'avons dit, dans un sanatorium il

(1) D'après ce qui précède, la pression sur les pistons de la machine élévatoire est $H + JI$ et le travail en kilogrammètres $= 1000 Q (H + JI)$ dépend de J perte de charge par mètre de longueur, variant elle-même avec le diamètre. Ce diamètre influe donc sur la puissance du moteur. Le calcul précédent est un calcul d'approximation très suffisant pour déterminer les éléments nécessaires à une élévation d'eau. Il convient d'ailleurs toujours de majorer un peu les résultats du calcul.

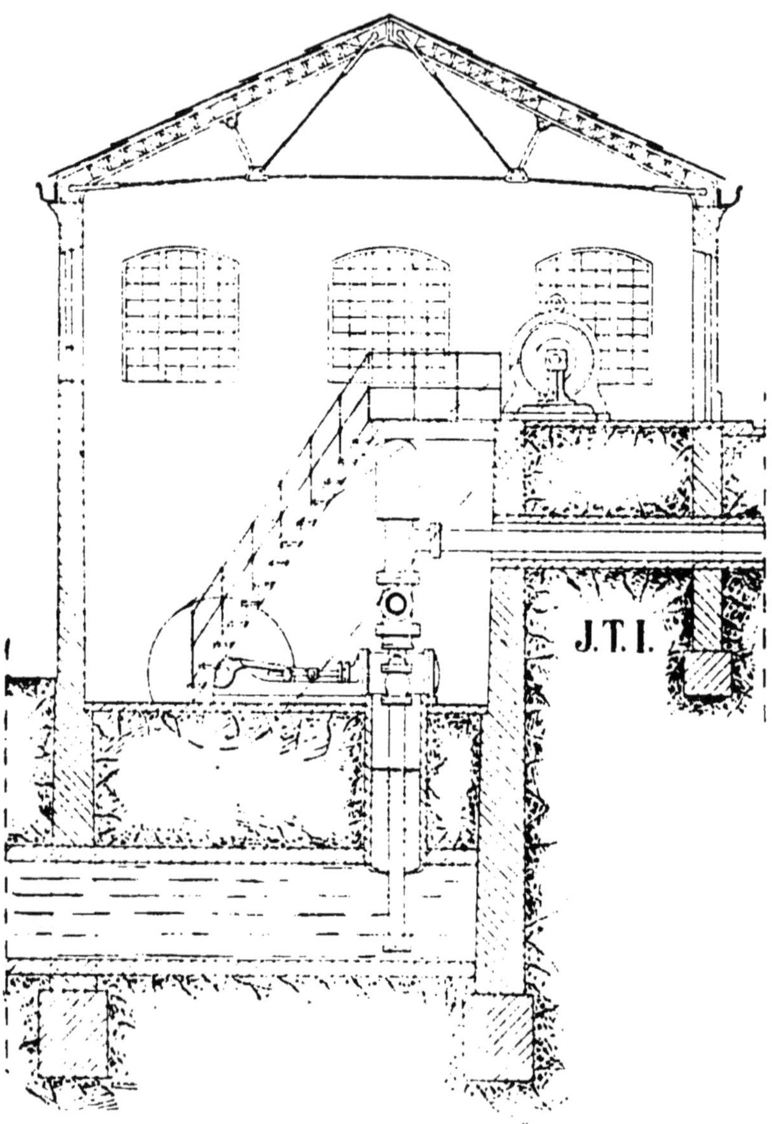

Fig. 72. — Coupe du bâtiment des pompes.

faut pour tous les services de malades de l'eau pure et puisque nous avons supposé l'eau du fleuve impure, il y a lieu de prévoir une stérilisation générale de l'eau en dehors des petits appareils dont nous avons parlé et justifié l'emploi dans les services de l'infirmerie.

Cette stérilisation, à grand débit, est établie dans les sous-sol du bâtiment principal et suivant les dispositions et les principes que nous indiquons ci-après.

Stérilisation de l'eau d'alimentation

Il est reconnu aujourd'hui grâce aux importants travaux de recherche faits par des savants dont Pasteur fut le maître, que la transmission des maladies épidémiques s'accomplit plus particulièrement par l'eau d'alimentation. C'est en effet, avec l'eau que pénètre dans notre organisme le bacille du choléra; c'est encore l'eau qui est le véhicule de la dysenterie.

Il n'est malheureusement que trop prouvé par l'expérience, que l'eau est l'agent principal dans la propagation des foyers épidémiques. On a pu voir pour ainsi dire le germe infectieux, émané des déjections typhiques, contaminer une source, un puits, dont les eaux pures jusqu'alors ont communiqué la fièvre typhoïde aux individus qui en faisaient usage.

En dehors des bacilles les plus dangereux dont nous avons cité le nom, il peut exister encore dans l'eau bien des germes moins actifs, que notre organisme supporte ou plutôt semble supporter, et qui sont la cause de malaises, de troubles auxquels nous n'attachons pas d'importance, mais qu'il faut éviter chez des individus déjà malades.

Il faut donc, et cela d'une façon générale, écarter l'eau malpropre de la consommation. Depuis plusieurs années, des efforts considérables ont été tentés dans ce sens, et si on ne sait pas encore le moyen de caractériser dans une eau tous les germes nuisibles ou pathogènes qu'elle contient

et par suite leur degré de nocuité, on connait quelques
moyens de détruire ou d'éliminer ces germes de l'eau qui
les renferme.

Fig. 73. — Stérilisateur du débit de 1.000 litres à l'heure.

Ajoutons encore qu'une eau possédant toutes .qualités
de fraicheur, de saveur, de limpidité qui caractérisaient
autrefois une bonne eau de boisson, peut être eau très
dangereuse.

Si l'alimentation en eau bactériologiquement pure est

nécessaire d'une façon générale, elle s'impose dans le cas qui nous occupe, et avant d'exposer la disposition adoptée dans notre Sanatorium, nous voulons examiner quelques procédés employés pour obtenir une stérilisation efficace.

Filtrage au sable

Ce procédé est certainement le plus répandu, non à cause de son efficacité, mais en raison de son utilisation facile, se prêtant assez bien aux grands débits.

Il est cependant reconnu que la filtration ne peut donner de bons résultats et cela s'explique aisément. L'action moléculaire exercée par les parois lacunaires du sable siliceux est très faible et bien inférieure par exemple au pouvoir absorbant de l'humus, de l'argile, etc. D'autre part, même dans les couches superficielles, les grains de sable, dont les dimensions varient de un millimètre et demi à deux millimètres laissent entre eux des espaces suffisants pour laisser passer les germes dont la longueur totale ne dépasse jamais quelques millièmes de millimètre. C'est ainsi que Piefke a démontré que le chiffre des germes de l'eau, sortant du filtre au début de son fonctionnement excède le plus souvent, celui de la même eau avant filtration.

La partie active d'un filtre à sable, se forme par l'usage même, et l'épuration de l'eau se produit alors grâce à la formation d'une « couche grisâtre muqueuse formée de filaments enchevêtrés, d'algues, de microbes, de diatomées, le tout empâtant les matières sédentaires minérales et organiques que toute eau emporte d'ordinaire avec elle ». Le sable joue simplement le rôle de support par rapport à cette couche active.

Donc, après quelque temps de service, un filtre à sable

retient une grande quantité des germes de l'eau et les dangers d'infection ont diminué.

Mais les filtres à sable ne retiennent pas la totalité des germes. D'après les recherches de Fraenkel et Piefke, on retrouve dans l'eau filtrée les mêmes espèces microbiennes que dans l'eau de filtration. En résumé, l'eau filtrée contient moins de germes, mais contient toujours les mêmes espèces de germes. Les filtres ne peuvent donc garantir l'inocuité de l'eau qu'ils fournissent, et si les dangers de contamination sont diminués, ils sont bien loin d'être supprimés.

À cette défectuosité théorique s'ajoute encore l'inconvénient de l'irrégularité de marche. La couche active s'accroît en effet par l'apport continu des matières en suspension dans l'eau et le rendement de l'appareil se trouve diminué.

Si d'autre part, on enlève ou désagrège cette couche, l'effet du filtre est annulé jusqu'à reformation de cette partie active.

Filtrage à travers la porcelaine ou autres substances poreuses

Ce mode de filtrage qui au début avait semblé bon, est réellement aussi peu efficace que le filtrage au sable.

L'eau, forcée de parcourir les espaces capillaires de la substance poreuse du filtre, s'y débarrasse des matériaux qu'elle contient et, en même temps, des germes qui pourraient la souiller.

Les germes vivants ainsi déposés vont se multiplier dans les sinuosités où ils ont été retenus, ils traverseront ainsi la substance filtrante et contamineront l'eau à sa sortie du filtre. Donc à partir d'un certain moment, la bougie filtrante devient un agent de contamination et l'eau qui la traversera serait-elle absolument pure à son arrivée, sera fatalement souillée par son passage dans l'appareil.

Pour obtenir un fonctionnement sûr, il faut stériliser la bougie-filtre après une huitaine de jours de service, c'est-à-dire au moment où le développement des germes soustraits atteint la sortie de la matière filtrante.

D'autre part, M. le Dr Roux, a fait en 1901. à l'Académie des sciences, une communication de M. Gambier, de laquelle il résulte que le bacille typhique traverse dans certaines conditions aisément les pores de la bougie en porcelaine.

La conclusion à tirer de ces deux modes de filtrage : par sable ou par bougie en porcelaine, est celle-ci. L'eau qui sort n'est pas stérilisée, elle contient simplement moins de germes. Il faut donc chercher, non pas à séparer les germes de l'eau, mais à détruire ceux-ci

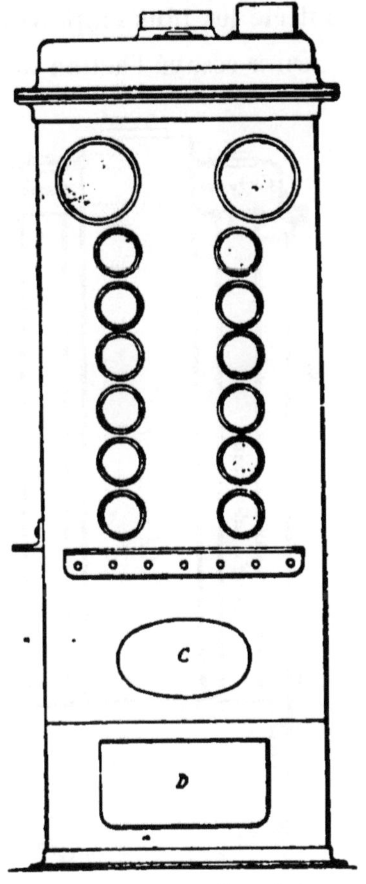
Fig. 74. — Chaudière. Tubes de circulation.

au sein même de l'eau. C'est ce but que visent les procédés dont nous allons dire quelques mots.

Procédés chimiques

Ils peuvent se ramener à deux types suivant qu'ils ont pour but de précipiter les matières organiques ou de détruire directement les microbes. L'alun dans le premier cas, le permanganate de potasse dans le second, sont, parmi les nombreux réactifs qui ont été préconisés, ceux qui ont été les plus employés.

On a essayé l'action du permanganate de chaux et même l'emploi de certains composés oxygénés du chlore aussi redoutables par leurs propriétés toxiques que par les produits de décomposition auxquels ils donnent fatalement naissance et qui subsistent dans l'eau après traitement. Ces méthodes ne paraissent pas devoir franchir le domaine du laboratoire.

Un autre moyen de détruire les germes nuisibles au sein de l'eau est l'ébullition.

Stérilisation par la chaleur

C'est Pasteur qui, le premier, a établi le fait que l'eau portée à 100° perdait une grande partie des germes qu'elle contenait et qu'aucun élément vivant ne résistait à des températures de 110° à 120°.

De ce principe, il résulte qu'un moyen d'utiliser la chaleur pour purifier l'eau, est de la faire bouillir. Ce procédé

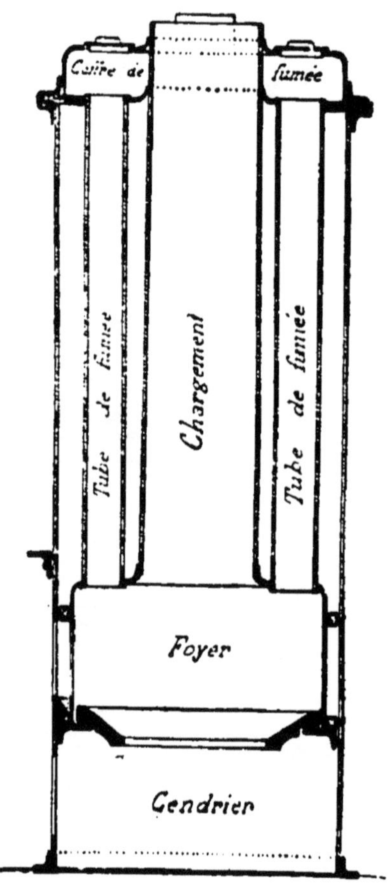

Fig. 75. — Chaudière. Coupe transversale.

qui a rendu et peut rendre encore de grands services n'est pas pratique, et, par suite, d'un emploi restreint. De plus l'ébullition fait perdre à l'eau la plus grande partie des gaz, et en particulier de l'air qu'elle avait dissous. Il faudrait après la stérilisation par ébullition abandonner l'eau pour lui permettre une nouvelle absorption d'air, mais elle risquerait alors d'absorber à nouveau des germes nuisibles. De sorte que l'on peut dire que l'ébullition des eaux destinées à l'alimentation est une mesure prophylactique précieuse qui ne saurait toutefois s'imposer comme mesure radicale. L'eau portée à 110° ou à 115° présentant seule le degré absolu de pureté.

Pour remédier à tous les inconvénients autant pratiques que théoriques du procédé de stérilisation par ébullition, on a construit des appareils stérilisant l'eau sous pression à de hautes températures. Afin de donner au lecteur une idée de la construction, nous décrirons le stérilisateur Salvator.

Stérilisateur sous pression à haute température

Un stérilisateur doit donner de l'eau bactériologiquement pure tout en lui conservant ses propriétés de saveur, de limpidité, et sa teneur en sels et en oxygène afin qu'il n'y ait aucune différence appréciable au goût entre l'eau qui entre dans l'appareil et celle qui en sort. L'eau doit encore être fraiche, autrement elle impressionnerait désagréablement le palais et serait d'une digestion pénible. Enfin, l'appareil doit débiter suffisamment et posséder les qualités de simplicité et de manœuvre facile.

Nous allons examiner comment le stérilisateur Salvator répond à ce programme complexe et tout d'abord, donnons-en une description.

L'appareil se compose essentiellement des organes suivants :

1º Le caléfacteur où toutes les molécules de l'eau à purifier sont maintenues pendant le temps rigoureusement nécessaire à la température de stérilisation;

2º Un ou plusieurs échangeurs récupérateurs de température.

Le caléfacteur se compose d'un bain-marie de vapeur et d'un serpentin.

Le bain-marie est une véritable chaudière de forme rectangulaire timbrée à 1 kg., et pourvue de tous ses accessoires : manomètre, soupapes, niveau, etc. (1). La chaudière présente quatre faces verticales; deux de ces faces (opposées) sont percées de trous dans lesquels sont sertis des tubes en cuivre placés horizontalement et reliés entre eux extérieurement par des boîtes d'intercommunication. Ces tubes distribués en plusieurs rangs superposés et en communication extérieure forment le serpentin à l'intérieur duquel circule l'eau en courant continu. Cette eau, déjà chauffée dans le récupérateur, dont nous allons parler, atteint dans le serpentin entouré de vapeur, la température de 110º.

« L'échangeur-récupérateur » se compose de deux feuilles métalliques enroulées concentriquement et laissant entre elles deux canalisations géométriquement égales. Dans l'une de ces canalisations, circule le liquide froid allant vers le caléfacteur; dans l'autre, le liquide chaud progressant en sens inverse.

C'est pendant cette circulation des deux liquides en sens inverse que s'opère au travers de la feuille métallique l'échange de température. Les deux canalisations sont ou-

---

(1) La chaudière est à chargement central et à marche continue, analogue aux haudières utilisées pour le chauffage à vapeur à basse pression.

vertes, l'une en haut, l'autre en bas, pour en faciliter le nettoyage.

Pour le fonctionnement de l'appareil, ces ouvertures sont recouvertes d'un joint en caoutchouc maintenu par des flasques en fonte serrées par des boulons.

Cette partie intéressante de l'appareil refroidit l'eau stérilisée qui présente à la sortie une température peu supérieure à la température originelle (1): elle échauffe considérablement l'eau à stériliser qui entre à 100° dans le caléfacteur, ce qui diminue la consommation de combustible.

Les échangeurs-récupérateurs sont reliés entre eux et avec le serpentin par les tubes métalliques conduisant l'eau

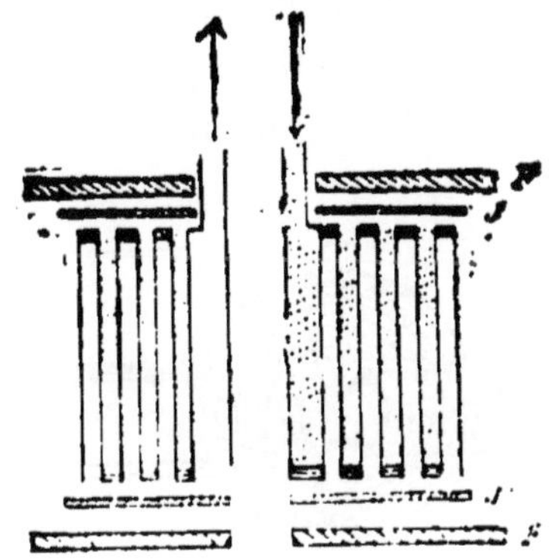

Fig. 76. — Echangeur-récupérateur
Coupe verticale.

J J' Joints de caoutchouc.
F F' Flasques.

stérilisée et l'eau à stériliser. Sur la tuyauterie d'eau stérilisée se trouve monté un thermomètre.

L'appareil est muni d'un dispositif appelé détarteur, constitué par une spirale placée à l'intérieur d'une boîte cylindrique et présentant des chicanes à la circulation de l'eau. Ce détartreur est placé entre le caléfacteur et l'échangeur-récupérateur. Il arrête les dépôts calcaires qui pourraient n'être pas intégralement recueillis dans les tubes du caléfacteur.

A cause de la haute température à obtenir sans ébullition dans l'appareil, il faut une pression de 10 mètres dans la conduite qui alimente le stérilisateur. Dans le cas de notre

______

(1) Des expériences ont donné une température de sortie de l'eau de 22° avec une alimentation à 19°.

Sanatorium, la pression est de 30 mètres, pression à ne pas dépasser, autrement il serait nécessaire d'avoir un détendeur.

Dans l'installation de l'appareil dont nous venons de parler il est bon de faire passer l'eau à travers un filtre à éponge avant le passage au stérilisateur, et cela afin d'éviter un nettoyage trop souvent renouvelé de l'appareil.

Si nous comptons comme dépense d'eau stérilisée dans

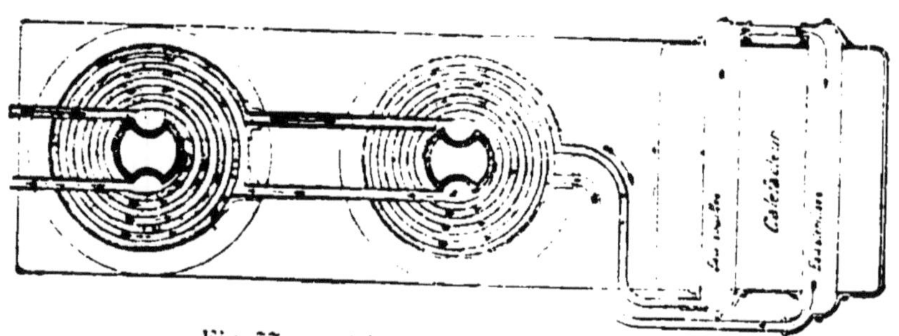

Fig. 77. — Schéma de la circulation d'eau.

La *spire noire* est affectée à l'eau froide à stériliser.
La *spire blanche* est affectée à l'eau chaude stérilisée.

l'établissement 40 litres par personne, l'appareil devra fournir :

$$40 \times 300 = 12.000 \text{ litres par jour.}$$

Un stérilisateur de 1.000 litres à l'heure devra être établi en sous-sol du bâtiment principal. C'est ce type que représente la figure 73 (1).

L'eau qui sort de l'appareil Salvator est bactériologiquement pure, elle a conservé tous ses sels et ses gaz nécessaires à sa saveur et à sa digestion (2).

____

(1) Un appareil de 1.000 litres fonctionnant avec arrêt journalier, donne une dépense de 0 fr. 11 par mètre cube.

(2) De nombreuses expériences ont été faites et ont prouvé la bonne marche de ce stérilisateur. Nous citerons, entre autres, une expérience faite par l'Assistance publique, à Paris, en 1904.

Comme dernier procédé nous indiquerons la stérilisation par ozone, détruisant les germes au sein même de l'eau impure.

Cette application de l'ozone fut indiquée par le professeur Ohlmüller: quelques inventeurs conçurent des appareils dont les résultats restèrent indécis. En 1897, MM. Marmier et Abraham reprirent le problème et fournirent une solution assez pratique que nous allons étudier.

Stérilisateur à ozone

Le principe de la méthode consiste à faire passer l'eau qu'on veut épurer dans une colonne remplie d'air ozoné concentré.

Il y a donc deux circuits à étudier, circuits électrique et hydraulique.

Nous représentons fig. 78, pour une installation quelconque, le schéma de la disposition des divers organes.

La pompe centrifuge *b* amène l'eau au sommet *c* de la colonne *d*, dont la disposition intérieure a pour but de diviser l'eau en mince filets sur lesquels s'exerce l'action de l'ozone. Un puisard *g* recueille l'eau stérilisée qui, reprise par la pompe *i* est refoulée au réservoir de distribution *j*.

L'air ozoné est amené à la partie inférieure de la chambre de stérilisation, qu'il traverse de bas en haut pour sortir en *f*. La circulation de l'ozone est assurée par un ventilateur aspirant l'air atmosphérique pour le faire passer d'abord dans un dessicateur *l*, dans un ozoneur *k*, enfin dans la colonne *d*.

Le courant électrique nécessaire à la production des effluves devant produire l'ozone est fourni par un transformateur *t*, dont le circuit primaire reçoit le courant d'un alternateur *u*. Le circuit secondaire fournit à l'ozoneur des courants à une tension voisine de 40.000 volts.

En *n*, se place en dérivation, sur le circuit de haute tension, un déflagrateur formé de deux sphères entre lesquelles jaillit une étincelle que l'on souffle continuellement au moyen d'un jet d'air comprimé ou de vapeur (1).

Dans le cas de notre sanatorium nous disposons de courant continu. Il faut donc munir l'installation d'une commutatrice donnant du courant alternatif, dont un transformateur augmentera le voltage. Le schéma propre de notre installation sera donc celui que nous représentons figure 79.

Le dessiccateur est souvent un cylindre renfermant de l'acide sulfurique concentré qui absorbe la vapeur d'eau contenue dans l'air. Son rôle est très important : sa présence évite la formation de produits azotés acides qui se produiraient ultérieurement dans l'ozoneur, l'air étant humide.

L'ozoneur est l'appareil où se produisent les effluves électriques par lesquelles l'oxygène de l'air se transforme en ozone. Il se compose essentiellement, dans le système que nous étudions, de deux disques en fonte D_1 et D_2 (fig. 83) suspendus de manière que leurs faces soient parallèles, et de deux plaques de verre P, P appliquées sur ces disques et séparées entre elles par un intervalle où se produisent les effluves 2. Les plateaux P sont enfermés dans une caisse hermétiquement close. L'air arrive en *a*, traverse les effluves et se transforme en ozone.

<hr>

(1) Un des rôles de ce déflagrateur est de maintenir entre les pôles de l'ozoneur un potentiel régulier.

(2) Dans les appareils puissants, il existe plusieurs paires de disques. Les électrodes de rang pair sont reliées à un pôle du transformateur, celles de rang impair sont reliées à l'autre pôle.

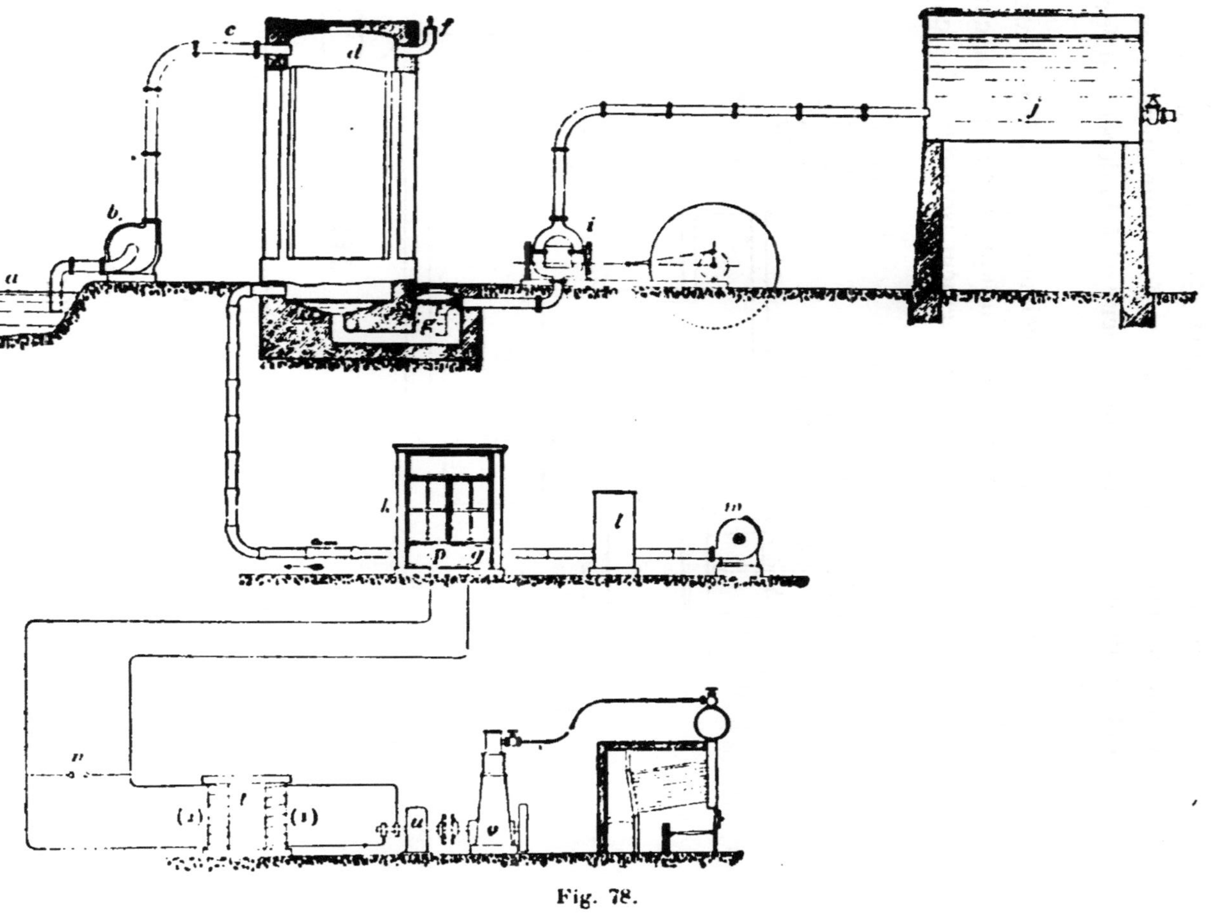

Fig. 78.

Les disques D_1 D_2 sont évidés. Ils reçoivent un courant d'eau qui les empêche de s'échauffer d'une manière anormale sous le dégagement de chaleur dû à la dépense d'énergie électrique.

L'idée de réfrigération des électrodes est ancienne, mais MM. Marmier et Abraham ont indiqué comment un courant d'eau pouvait être électriquement isolé dans des con-

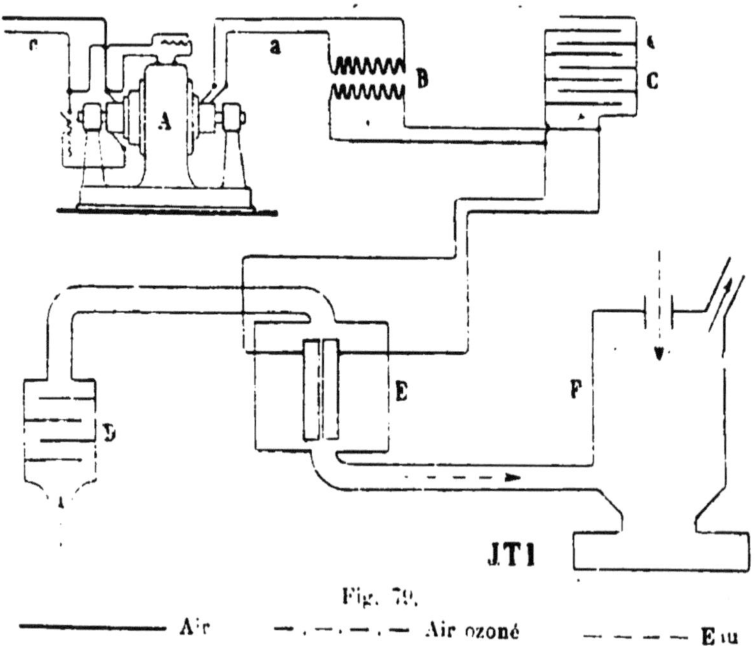

Fig. 79.

—————— Air   — . — . — . — Air ozoné   — — — — Eau

ditions suffisamment pratiques pour permettre un refroidissement par circulation continue.

Cette réfrigération a permis l'utilisation d'effluves intenses, qui seules donnent de l'ozone concentré.

La chambre de stérilisation doit être construite de façon à assurer un contact intime entre l'eau et l'ozone. Or, l'insolubilité est une propriété qu'il faut exiger de tout agent employé pour la stérilisation des eaux potables,

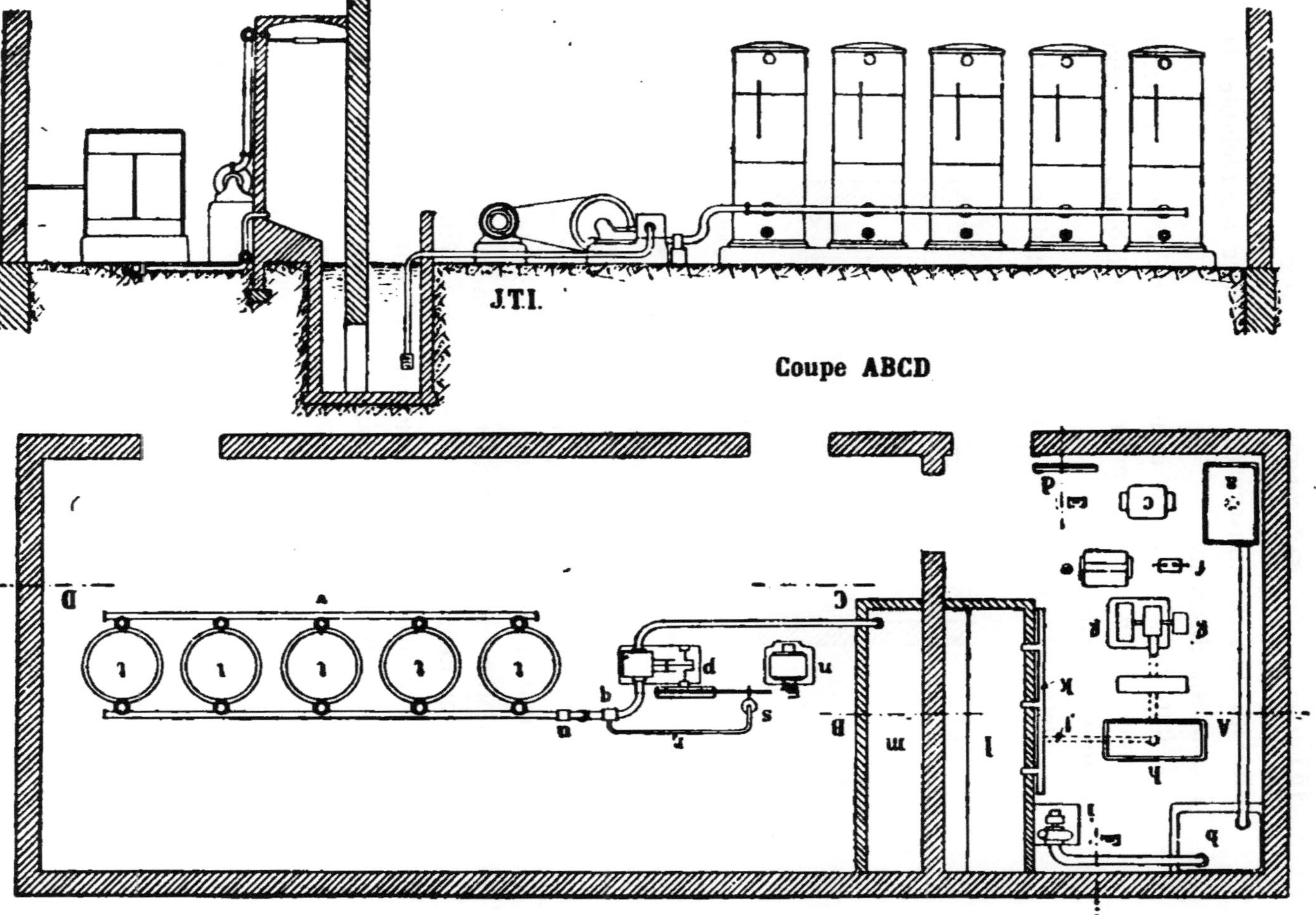

Fig. 80, 81. — Installation de la stérilisation par l'ozone dans le sanatorium.

afin qu'elles ne conservent aucune trace appréciable de l'agent stérilisateur.

Il faut donc assurer le contact par une division de l'eau permettant un mélange pour ainsi dire moléculaire entre l'ozone et l'eau.

Telles sont rapidement exposées, les parties essentielles

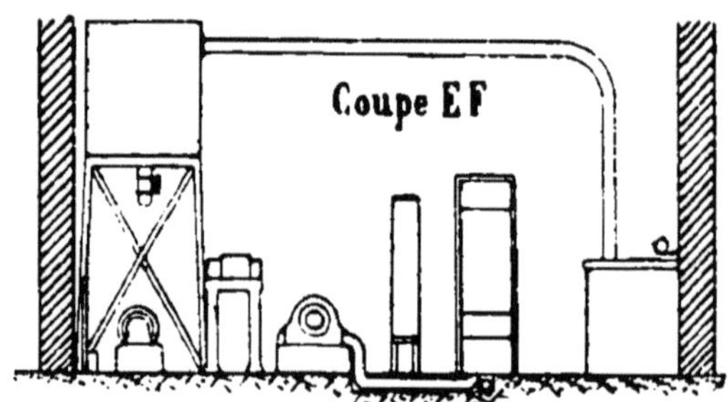

Fig. 82. — Installation de la stérilisation par l'ozone dans le sanatorium.
(*Coupe transversale du bâtiment.*)

d'une installation à ozone. Il faut ajouter à ces organes de l'appareil proprement dit, un filtre à sable formé par un bassin que l'eau doit traverser comme nous l'avons vu antérieurement. Le but de ce filtre est de débarrasser l'eau des particules en suspension qu'elle contient et dont le passage dans l'appareil à ozone ne pourrait qu'être nuisible pour la marche générale.

Le procédé par l'ozone, modifié et perfectionné comme nous venons de le voir, a l'avantage de s'appliquer pratiquement à de grandes quantités d'eau. L'eau stérilisée ainsi n'apporte aucun élément étranger préjudiciable à la santé des personnes appelées à en faire usage; par suite de la non augmentation de la teneur en nitrates et de la diminution de la teneur en matières organiques, les eaux soumises au traitement de l'ozone sont moins sujettes aux pollutions ultérieures et sont par suite beaucoup moins altérables. **Enfin,** l'ozone n'étant autre chose qu'un état moléculaire particulier de l'oxygène, l'emploi de ce corps présente l'avantage de rendre l'eau plus saine et plus agréable sans lui enlever aucun de ses éléments miné- raux utiles.

Distribution de l'eau stérilisée

L'eau accumulée en *m* (fig. 80, 81 et **82)** doit être dis- tribuée aux étages du bâtiment principal et aux autres pavillons qui en ont besoin.

Pour cela, une pompe *p*, mue par un moteur électrique *n* à l'aide d'une courroie, fait aspiration dans le puisard *m* et refoule l'eau dans des réservoirs communiquant avec la conduite de refoulement par un branchement muni d'un robinet (1). L'eau s'élève dans ces réservoirs au fur et à mesure du fonctionnement de la pompe. Lorsque le remplissage est environ des 2/3 de la capacité totale, la pression de l'air contenu et emprisonné dans ces réser- voirs en tôle est alors suffisante pour ouvrir un clapet équilibré en *q*, et l'eau de refoulement, au lieu de passer dans les réservoirs offrant au passage de l'eau une grande résistance, prend le conduit *r* et se déverse dans un réci- pient percé à sa partie inférieure d'un mince orifice.

Ce récipient est monté sur le fléau d'une balance dont l'un des bras porte la fourchette de débrayage de la pompe.

Son remplissage produit l'oscillation de la balance, dont la fourchette arrête le fonctionnement de la pompe.

Le récipient se vide lentement, la balance revient dans la position de marche de la pompe qui refoulera à nou- veau dans les réservoirs jusqu'à ce que leur remplissage suffisant la débraye automatiquement.

---

(1) Ce robinet permet d'isoler un réservoir pendant sa réparation sans arrêt de la marche de la batterie.

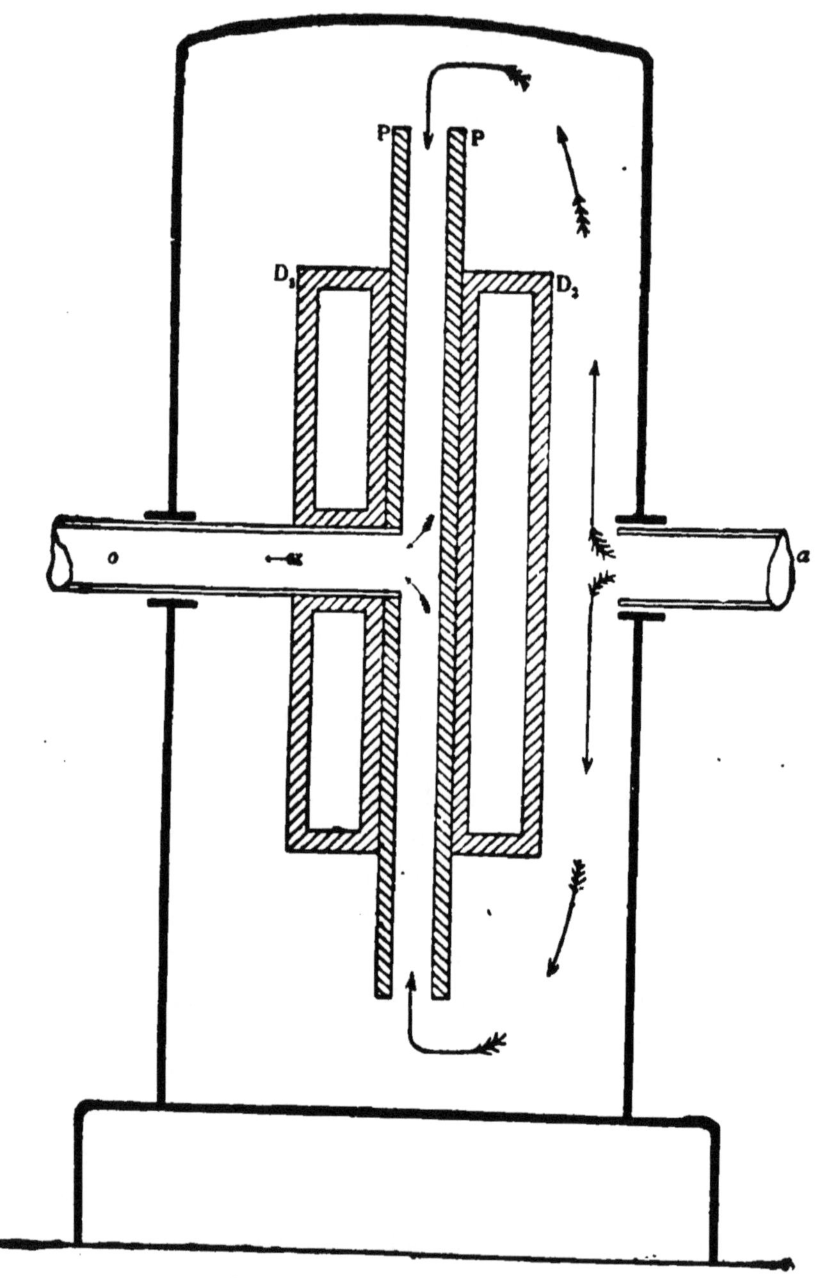

Fig. 83. — Schéma de l'ozoneur.

Avec des réservoirs de 1 m. 50 de diamètre et 3 mètres de hauteur totale, il suffit, dans le cas qui nous occupe, d'une batterie de 5 réservoirs. Ce qui donne une réserve courante, en eau stérilisée, de :

$$\frac{\pi \times 1,5^2}{4} \times 3 \text{ m.} \times \frac{2}{3} \times 5 = 17 \text{ mètres cubes}$$

Ceci termine l'étude de l'hygiène proprement dite, dans un sanatorium, étude que nous avons étendue aux hôpitaux et aux établissements publics en général.

Nous ne voulons pas terminer ce chapitre sans faire observer que les procédés et appareils décrits dans cette partie de notre étude ne sont pas les seuls susceptibles d'être utilisés. Nous n'avons eu d'autre but que de présenter des méthodes et des principes généraux et d'indiquer de préférence quelques appareils dont nous avons été à même d'observer la marche.

CHAPITRE V

Chauffage du bâtiment principal

Nous diviserons ce chapitre en deux parties. Dans la première nous calculerons le nombre de calories à fournir dans chaque pièce, la dimension des appareils, en un mot tout ce que comporte le calcul du chauffage.

Dans la seconde partie nous décrirons le mode de chauffage employé, nous justifierons son choix et examinerons les procédés les plus en usage dans les hôpitaux.

PREMIÈRE PARTIE

Calculs

Le chauffage d'un établissement quelconque doit être prévu de façon à pourvoir aux besoins caloriques provenant de la plus basse température constatée dans la région.

Nous supposerons ici, en raison du climat très doux du pays dans lequel est situé le sanatorium, que la température ne descend jamais au-dessous de 2° centigrade.

La température à obtenir à l'intérieur des locaux dépend essentiellement de leur destination.

Pour les hôpitaux on compte généralement sur une température de 18 à 20°. Nous pouvons établir nos calculs en supposant 22° à l'intérieur du bâtiment que nous nous proposons de chauffer.

L'écart maximum de température entre les atmosphères extérieure et intérieure est donc de 20°.

Pour maintenir dans ces conditions, évidemment les plus

défavorables, la température intérieure. il faut fournir un nombre de calories égal à celui provenant des pertes. Ces pertes caloriques sont de deux sortes. Les unes proviennent de la transmission par les parois séparant les atmosphères à températures différentes. Les autres résultent des calories enlevées par la ventilation.

Il nous faut donc connaître les coefficients de transmission Q des corps constituant les parois indiquées ci-dessus.

Pour les vitres nous adopterons un coefficient $q = 3.5$. ce ce qui suppose une vitesse de vent de 2 mètres à la seconde.

Pour le bois. $q = 1.5$.

Pour les portes vitrées. $q = 2.5$.

Il nous reste à établir les coefficients de transmission des murs en moellons de 0 m. 80. 0.70, 0,60 et 0,40 d'épaisseur. Voici une méthode donnant des résultats suffisamment exacts.

Nous avons la formule :

$$\frac{1}{Q} = \frac{1}{K} + \frac{1}{K'} + \frac{e}{c}$$

dans laquelle K est le coefficient de réchauffement de la paroi antérieure;

K' est le coefficient de réchauffement de la paroi postérieure:

Q. le coefficient de transmission;

e, l'épaisseur du mur;

c, le coefficient de conductibilité.

$$K = m\,r + n\,f$$

r, coefficient de radiation:

f, coefficient de convection.

1° Pour un mur de 0 m. 80 :

Pour un mur de 0 m. 50 les tables donnent pour Q, dans l'air agité, une valeur 2.14 avec

$$\frac{e}{c} = 0,3125 :$$

$$\frac{1}{2,14} = \frac{1}{K} - \frac{1}{K'} + 0.3125 \qquad (1)$$

et donnent aussi la valeur de c pour un mur en pierre $c = 16$

Pour un mur de 0 m. 80 on aura :

$$\frac{1}{x} = \frac{1}{K} + \frac{1}{K'} + \frac{0,80}{1,60} \qquad (2)$$

$\frac{1}{K}$ et $\frac{1}{K'}$ ont toujours la même valeur puisque K et K' ne dépendent que de la radiation et de la convection, indépendantes de l'épaisseur du mur.

Nous tirons de (1) et (2) en les retranchant membre à membre :

$$x = 1,53 = Q_{0,80}$$

2° Pour un mur de 0 m. 70 :

L'équation est :

$$\frac{1}{x} = \frac{1}{K} + \frac{1}{K'} + \frac{0,7}{1,60}$$

En opérant de même, on trouve :

$$Q_{0,70} = 1,68$$

3° Pour un mur de 0 m. 60 :

$$\frac{1}{x} = \frac{1}{K} + \frac{1}{K'} + \frac{0,6}{1,6}$$

d'où :

$$x = Q_{0,60} = 1,90$$

4° Enfin pour $e = 0,40$:

$$\frac{1}{x} = \frac{1}{K} + \frac{1}{K'} + \frac{0,4}{1,6}$$

d'où :

$$x = Q_{0,40} = 2,74$$

Pour connaître approximativement les calories emportées par la ventilation, il faut se donner le renouvellement d'air par heure dans les locaux habités.

A ce sujet on admet qu'un homme aspire en moyenne par heure 500 litres d'air; l'air sortant des poumons contenant 4 à 4,25 p. 100 d'acide carbonique.

L'air contient environ 0,0006 d'acide carbonique. Quand la quantité de cet acide dépasse 0,002, l'air devient irrespirable ou plutôt met les individus qui le respirent dans de mauvaises conditions d'hygiène.

En raison de cette production d'acide carbonique par les personnes et aussi par les combustions de toute nature, on admet que dans les hôpitaux il faut 80 mètres cubes d'air par heure et par malade. Nous ferons nos calculs en admettant 100 mètres cubes. Si donc on connaît le volume d'une pièce et le nombre de personnes qui l'occupent, on peut calculer le nombre de fois que l'air de la pièce doit être renouvelé en une heure.

Ces données préliminaires étant posées, nous pouvons établir les calculs des calories à fournir par heure et par pièce, que nous résumons ci-dessous pour le premier étage (1) (2), dans le tableau de la page suivante.

$$C = \delta c \times V \times n (t - \theta) \quad (3) \qquad \delta c = 0,307$$

On trouve ainsi, pour le 1er étage :

$$390.000 \text{ calories.}$$

(1) Dans ce calcul, nous admettons que le sous-sol non chauffé est néanmoins à une température de 12°.

(2) Voir plan du bâtiment pour suivre le tableau.

(3) Dans cette formule, V est le volume de la pièce et n est le renouvellement d'air.

DESIGNATION	S	q	t — θ	Calories transmises; perte.	TOTAL par pièce P	Cube d'air à renouveler.	Calories emportées par ventilation u	P + u	SURFACE des radiateurs.
— Grand salon :									
Mur de face de 0m80, 5 × 16 — 42.	38	1,53	20°	1.162,8					
Plancher, 10 × 4.	50	1	10	400		30 personnes			
Fenêtres, 3 × 3,5.	42	3,5	20	2.940	4.502,8	· 100 · 3000	18.420	22.922,8	32 mq.
— 1er Petit salon :									
Mur de 0m80, 5×5 — 3×35.	14,5	1,53	20°	443,7					
Plancher, 14 × 5.	70	1	10	700		4 personnes			
Portes, 3 × 3,5.	10,5	2,5	20	525		· 100			
Fenêtres, 3 × 3,5.	10,5	3,5	20	735	2.403,7	400	2.456	4.859,7	6 mq. 6
— 2e Petit salon	.	.	.	.	.	.	.	4.859,7	6 mq. 6
— Salle à manger :									
Mur de 0m80,2 × 25,2 · 5 — 10 × 2,5 · 3,5.	164,5	15,3	20°	5.033,7					
Fenêtres, 10 × 2,5 · 3,5.	87,5	35,0	20	4.525		50 personnes × 100 · 1 2 h.			
Plancher, 16 × 25,20.	403,2	1	10	4.032	13.590,7	- 2500	15.350	28.940,7	39 mq.
— 1e Galerie fermée :									
Mur de 0m70, 38,6 × 5 — 8 × 3 × 3,5.	109	1,68	20°	3.662,4					
Mur de 0m80, 2 · 2 · 3,5.	179	1,53	20	5.477					
Fenêtres, 8 × 3 × 3,5.	84	3,50	20	5.880		20 personnes			
Portes.	14	2,50	20	700		× 100			
Plancher, 7,2 × 38,6.	277,92	1	10	2.779,2	18.498,6	= 2000	12.280	30.778,6	40 mq.

— 2ᵉ Galerie fermée. . . .								30.778,6	40 mq.
— Salon de lecture :									
Mur de 0ᵐ80, 16,5 × 5 — (×) 3 × 3,5.	59,5	1,53	20°	1.320,7		• 6 personnes		6.707,2	
Portes, 3 × 3,5.	10,5	2,50	20	525	3.023,20	× 100	3.684		8 mq. 8
Fenêtres, 4 × 3,5.	14	3,50	20	980		= 600			
Plancher, 9,3 × 7,5.	69,75	1	10	697,3				6.707,2	
— Billard.									
— Cabinet du docteur :									
Mur de 0ᵐ80, 6,7 × 5 — 3 × 1,5.	29	1,53	20°	887,4		2 personnes		2.531,4	
Fenêtres, 3 × 1,5.	4,5	3,50	20	315	1.303,4	× 100	1.228		3 mq.
Plancher, 3 × 3,7.	11,10	1	10	111		= 200		2.531,4	
— Cabinet.									
— Salle d'attente (aile droite) :									
Mur de 0ᵐ80 (3,7 × 1,5) 5 — 4,5.	21,5	1,53	20°	657,9		3 personnes		3.029,5	4 mq.
Fenêtres, 3 × 1,5.	4,5	3,50	20	315	1.187,5	× 100	1.842		
Plancher, 5,8 × 3,7.	21,46	1	10	214,6		= 300		3.029,5	4 mq.
— Salle d'attente (aile gauche)									
— Couloirs (aile droite) :									
Mur de 0ᵐ60, 2 (36,5 × 5) — 3 × 2 × 3.	320	1,9	20°	12.160		400 × 5		30.960	40 mq.
Fenêtres, 2 × 2 × 3 × 3 × 2.	36	3,5	20	2.520	18.680	= volume du couloir = 2000	12.780		
Plancher, 100 × 4.	400	1	10	4.000					

DÉSIGNATION	S	q	t — θ	Calories transmises ; perte.	TOTAL par pièce P	Cube d'air à renouveler.	Calories emportées par ventilation u	P + u	SURFACE des radiateurs.
— Couloirs (aile gauche).	. . .	. . .	. . .	. . .	. . .	. . .	. . .	30.960	10 mq.
— Chambre de 3 personnes :									
Murs de 0m80, 5×7,5—2 (1,5×3,5).	32,25	1,53	20	986,85					
Fenêtre, 2 (1,5×3,5).	10,50	3,50	20	735					
Plancher, 7×7,5.	52,5	1	10	525	2.246,85	3×100=300	1.842	4.088,85	5 mq. 5
— Chambre de 2 personnes.	. . .				2.246,85	2×100=200	1.228	3.474,85	4 mq. 6
— Chambre de 1 personne :									
Mur de 0m40, 5,5—(1,5×3,5 +3×1).	19,75	2,74	20	2.726,30					
Fenêtres, 1,5×3,5.	5,25	3,50	20	367,5					
Porte vitrée, 1×3.	3	2,50	20	210		1 personne ×100 =100			
Plancher, 5×5,7.	28,5	1	10	285	3.378,8		614	3.992,8	5 mq. 5
— Pour 11 autres chambres de 3.								44.977,35	
— Pour 3 autres chambres de 2.								10.424,55	
— Pour 5 autres chambres de 1.								19.964,00	
— Lavabos de chambre : Mur, 1,95×5 – 1×3.	6,75	1,53	20	206,55					

Fenêtres, 1×3.	3	3,50	20	210	553,05	$v = 13,65 \times 5 = 68,25$	419,05	972,10	1 mq. 5
Plancher, 1,95×7.	13,65	1	10	136,5					
— Pour 21 autres lavabos								20.414,1	
— Petit couloir (aile droite) :									
Mur de 0m60 2×5.	10	1,9	20°	570	790	$v = 22 \times 5 = 110$	675,4	1.465,4	2 mq.
Plancher, 2×11.	22	1	10	220					
— Petit couloir (aile gauche).								1.465,4	2 mq.
— Lingerie (aile droite) :									
Mur de 0m60, (6 : 6,35) 5 — 2 ×2×1,5.	57,75	1,9	20°	2.194,5	2 996,5	38,1 × 5	1.169,6	4.166,1	5 mq. 5
Fenêtre, 2×2×1,5.	6	3,5	20	120		v 190,5			
Plancher, 5×6,35.	38,1	1	10	381					
— Lingerie (aile gauche) :								4.166,1	5 mq. 5
— Gardien (aile droite) :									
Mur de 0m60, 5×5 — 4,5.	20,5	1,9	20°	779	1.411,5	1 personne × 100 : 100	614	2 025,5	2 mq. 8
Fenêtre, 4,5	4,5	3,5	20	315					
Plancher, 5×6,35.	31,75	1	10	317,5					
-- Gardien (aile droite) :								2.025,5	2 mq. 8
—W.-C. Lavabos (aile droite):									
Mur de 0m60, 11,5×5 — 2×2 ×1,5.	66,5	1,9	20°	2.527	3.457	$51 \times 5 = 255$	3.131,4	6.488,4	8 mq. 5
Fenêtres, 2 (2×1,5).	6	3,5	20	420		$v = 255 \times 2$fois			
Plancher, 6×8,5.	51	1	10	510		$= 510$			

DÉSIGNATION	s	q	$t - \theta$	Calories transmises perte.	TOTAL par pièce P	Cube d'air à renouveler.	Calories emportées par ventilation u	$P + u$	SURFACE des radiateurs.
— W.-C. Lavabos (aile gauche)	.	.	.	.	.	.	.	6.488,4	8 mq. 5
— **Bains** (aile droite) :									
Mur de 0ᵐ60, 5×5 — 4,5	20,5	1,9	20°	779		3 personnes			
Fenêtres, 4,5	4,5	3,5	20	345		× 100			
Plancher, 5×6,35	31,75	1	10	317,5	1.411,5	500	1.842	3.253,5	3 mq.
— **Bains** (aile gauche)	.	.	.	.	.	.	.	3.253,5	3 mq.
— **Entrée et W.-C. de l'interne** :									
Mur de 0ᵐ80, 2 (1,5×5) — 1 ×2	13	1,53	20°	391,8		11,25×5			
Fenêtres, 1×2	22	3,50	20	140		× 1 fois			
Plancher, 1,5×7,5	11,25	1	10	112,5	648,3	56,25	345,37	993,67	1 mq. 30
— **Entrée et W.-C. du 2ᵉ interne**	.	.	.	.	.	.	.	993,67	1 mq. 30
— **1ʳᵉ Tisannerie** (aile droite) :									
Mur 0ᵐ80, 8×5 — 2×3	34	1,53	20°	1.040,4		15,75×5			
Fenêtres, 2×3	6	3,5	20	420		× 1 fois			
Plancher, 3,5×4,5	15,75	1	10	157,5	1.617,9	78,75	483,5	2.101,4	2 mq. 90
— **2ᵉ Tisannerie** (aile gauche)	.	.	.	.	.	.	.	2.101,4	2 mq. 90

— 1re **Laverie** (aile droite) :									
Mur de 6m35 × 5 — 6	25,75	1,53	20c	787,95					
Fenêtres, 2×3=6	6	3,5	20	420					
Plancher, 3,5 × 2,85	91,75	1	10	99,75	1.307,70	9,975×5 ×1 fois =49,875	307	1.614,7	2 mq. 90
— 2e **Laverie** (aile gauche) :								1.614,7	2 mq. 10
— **Chambre de l'interne** (aile droite) :									
Mur de 0m80, 11 × 5 — 3,5 × 3,5	12,75	1,53	20c	1.308,15					
Fenêtres, 3,5 × 3,5	12,25	3,50	20	857,5					
Plancher, 7,5 × 3,5	26,50	1	10	262,5	2.1281,5	100	614	3.042,15	4 mq.
— **Chambre de l'interne** (aile gauche)								3.042,15	4 mq.
— **Bureau** (aile droite) :									
Mur de 0m80, 4,5 × 5—1,5 × 3,5	17,25	1,53	20c	527,85					
Fenêtres, 1,5 × 3,5	5,25	3,50	20	367,5					
Plancher, 4,5 × 3,5	24,75	1	10	247,5	1.1428,5	100	614	1.756,85	2 mq. 30
— **Bureau** (aile gauche)								1.756,85	2 mq. 30
Total								390 720,34	

DÉSIGNATION	S	q	$t - \theta$	Calories transmises : perte.	TOTAL. par pièce P	Cube d'air à renouveler.	Calories emportées par ventilation u	P + u	SURFACE des radiateurs.
— **Grand escalier** (aile droite)									
Mur de 0m70, 30 (5+7) . .	360	1,68	20°	12.096		50 × 30 ×1 fois = 1.500	9 210	25.696	33 mq.
Fenêtres, 4(3,5×3)+2 (2×2,5)	52	3,5	20	3 640					
Plafond, 10×5	50	1,5	10	750	16 486				
— **2e Escalier** (aile gauche) .								25.696	33 mq.
— **Escalier du docteur** (aile droite :									
Mur de 0m80, 25×2,8—10×2 .	50	1,53	20°	1.530		25 × 10,36 ×1 fois = 259	5 190,26	4.623,86	6 mq. 1
Fenêtres, 10×2 = 20 . . .	20	3,5	20	1 400					
Plafond, 3,7×2,8	10,36	1	10	1 036	3.033,6				
— **Escalier** (aile gauche) . .								4.623,86	6 mq. 1
— **Escalier du service** (aile droite) :									
Mur de 0m60, 9,2×2,5— 4(3,5 ×3,5) . .	181	1,9	20°	6.878		25 × 64,4 ×1 fois 1 610	9.885,4	21.159,4	28 mq.
Fenêtres (3.5×3,5) ×4 . .	49	3,5	20	3.430					
Plafond, 9,2×7	64.4	1,5	10	966	11.274				
Escalier (aile gauche) . .								21.159,4	2e mq.
— **Escalier de l'interne** (aile droite :									
Mur de 0m80,4×25—5×2×3,5	65	1,53	20°	1.989		25 × 30 ×1 fois = 750	4.605	9.494	12 mq. 8
Fenêtre, 5 (3,5×2)	35	3,5	20	2.450					
Plafond, 7,5×4	30	1,5	10	450	4.889				
— **Escalier** (aile gauche) .								9 494	12 mq. 8
								121 946,52	

En opérant de même pour les autres étages, on trouverait (1):

2e étage : 360.000. — 3e étage : 360.000.   4e étage : 410.000.

Il faut ajouter encore les calories à fournir dans les escaliers; ces derniers chiffres figurent dans le tableau de la page 180, où l'on trouve:

122.000 calories.

Nombre de calories à fournir	390.000
. . . . .	360.000
. . . . .	360.000
—	410.000
. . . . .	122.000
	1.642.000 calories.

Ce chiffre doit encore être augmenté des pertes en calories dues aux condensations de vapeur dans les conduites, même calorifugées. Cette perte peut s'évaluer approximativement; nous la supposerons égale au 1.5 du nombre de calories à fournir:

$$C = 1.642.000 + \frac{1}{5} \; 1.642.000 = 1.970.500 \text{ calories}$$

pour environ 100.000 mètres cubes à chauffer, ce qui correspond à 19 calories 70 par mètre cube. Ce chiffre est un peu inférieur à la moyenne admise à Paris. Cela tient à l'écart maximum relativement faible que nous avons supposé (2) et aussi à l'épaisseur des murs diminuant sensiblement le coefficient de transmission.

(1) Dans le calcul de ces étages, il n'y a de changé que les pertes par plancher qui n'existent plus, et celles par plafond qui apparaissent au 4e étage, avec un coefficient $q = 1,5$ ou 2 si le toit est au-dessus ou $q = 1$ pour la partie de l'étage au-dessus de laquelle se trouvent les logements du personnel.

(2) A Paris, on compte une différence de 30° entre la température extérieure et la température intérieure.

Dans un avant-projet pour des locaux ne présentant pas de dispositions particulièrement désavantageuses, c'est-à-dire pour des pièces possédant une face en contact avec l'extérieur (non complètement vitrée). on peut calculer le nombre de calories nécessaires. en admettant une perte de 25 à 35 calories par mètre cube d'air. Avec un peu d'expérience, on modifie ce chiffre suivant l'exposition de la pièce, par rapport au nord. les surfaces vitrées, la hauteur du plafond. etc.. et on trouve ainsi rapidement des résultats suffisants pour un avant projet (1.

Consommation de charbon due au chauffage.

Les 1.970.500 calories à fournir demandent $\dfrac{1.970.500}{8.000 \times 0,6} = 410$ kilogrammes de charbon à l'heure.

8.000 étant le pouvoir calorifique du charbon employé et 0,6 le rendement supposé, la consommation journalière sera $410 \times 24 = 9.840$, soit 10.000 kilogrammes.

Surface de grille des chaudières.

Il suffit de diviser le nombre de kilogrammes de charbon brûlé par heure par 75 kilogrammes, quantité brûlée en moyenne par mètre carré de surface de grille, pour avoir la surface cherchée :

$$\frac{410}{75} = 4 \text{ mq. } 13$$

répartis en deux chaudières semi-tubulaires placées à l'usine 2'.

<hr>

(1) Certaines salles d'opération vitrées sur les faces et le plafond demandent jusqu'à 50 calories par mètre cube.

(2) Nous ne pouvons continuer les calculs du chauffage sans faire ici connaître le procédé adopté. Nous avons choisi le chauffage par la vapeur à basse pression. La vapeur est produite à l'usine et envoyée à haute pression dans les

Quantité de vapeur a produire à l'usine.

Chaque kilogramme de vapeur produite absorbe une quantité de chaleur égale à :

$$\lambda = 606,5 - 0,305 \times (178° - 15) = 656,2$$

178° étant la température de la vapeur à 10 kilogrammes de pression et 15° étant celle de l'eau d'alimentation, le nombre de calories fournies étant 1.970.500, le poids de vapeur à produire est :

$$1.970.5000 : 656,2 = 3.000 \text{ kilogrammes } (1$$

Pratiquement on obtient la quantité de vapeur à fournir en divisant par 550 le nombre de calories trouvé, ce qui donnerait ici 3.500 kilogrammes de vapeur.

Ces 3.500 kilogrammes de vapeur seront produits à l'usine par $\dfrac{3.500}{14} = 250$ mètres carrés de surface de chauffe répartis en deux chaudières de 125 mètres carrés (2).

Calcul des surfaces de chauffe de chaque pièce.

Les surfaces de chauffe s'établissent d'après le nombre de calories à fournir et suivant la nature de la surface chaude.

On compte généralement qu'un radiateur peut donner 750 calories par mètre carré de surface et qu'une surface à ailettes en donne 550.

---

sous-sols du bâtiment principal à chauffer. Des détendeurs abaissent sa pression à 200 grammes pour son utilisation dans des radiateurs.

(1) Ce chiffre doit être un peu augmenté parce que les calories emmagasinées par la vapeur ne sont pas toutes cédées dans les radiateurs, l'eau sortant d ceux-ci étant encore à 70° environ.

(2) Lors du calcul des chaudières de l'usine électrique nous avons trouvé 120 mètres carrés de surface de chauffe pour chaque chaudière. Nous prendrons donc pour le chauffage les mêmes dimensions, c'est-à-dire le même type de générateur.

Dans notre sanatorium nous avons prévu des radiateurs placés devant l'allège des fenêtres. Prenons par exemple la pièce centrale formant salon. Nous avons vu qu'il faut y fournir 23.620 mètres carrés calories. Nous devrons donc

établir $\dfrac{23.000}{750} = 32$ mq. de chauffe répartis en 5 radiateurs,

dont 3 placés devant les allèges.

Pour une chambre de trois personnes, on doit fournir

4.880 calories; donc il faut $\dfrac{4.880}{750} = 5$ mq. 4 de radiateurs, soit

2 mq. 7 dans chaque. Si nous prenons des radiateurs de 0 m. 80 de hauteur donnant 0 mq. 33 par élément, cha-

que radiateur aura $\dfrac{0,33}{2,7} = 8$ éléments.

Calcul des tuyauteries.

1° Canalisation venant de l'usine au bâtiment: il y a 3.500 kilogrammes de vapeur à 10 kilogrammes à transporter par heure. Le poids de la vapeur à 10 kilogrammes est voisin de 5 kilogrammes le mètre cube. On a donc

$\dfrac{505}{30.} = 700$ mètres cubes à écouler par heure.

$$W = 3.600 \times \frac{\pi\, d^2}{4} \times 30 \text{ m.} \times \delta$$

$$3.500 = 3.600 \times 30 \times 5 \times \frac{3,14}{4} \times d^2 \qquad d = 0,09$$

soit $d = 0$ m. 110 pratiquement, surtout en tenant compte de la quantité de vapeur nécessaire pour'les appareils spéciaux que nous avons négligée dans ce calcul (1).

(1) On peut déterminer la dimension de cette canalisation de vapeur en se fixant à priori la perte de charge qu'on y admet, en appliquant la formule :

$$D^5 = \frac{0,00198\ P^2\ e}{d^2\ (C - e)} \qquad C - e = \frac{E}{d}$$

2⁰ Conduite secondaire (en sous-sol): La conduite secondaire amène la vapeur du premier détendeur à 2 kilogrammes placé à l'entrée du pavillon, au deuxième détendeur à 200 grammes pour chaque aile du pavillon.

Chaque conduite secondaire véhicule donc 600.000 calories.

$$600.000 = W [606,5 - 0,305 (120° - 70)]$$

d'où : $W = 1.000$ kilogrammes de vapeur environ.

$$d = \sqrt{\frac{4 \times W}{\pi \times V \times \epsilon \times 3.600}} = \sqrt{\frac{4 \times 1.000}{3,14 \times 26 \text{ m.} \times 1,1 \times 3.600}} = 0\text{m.}10$$

Nous pourrions établir pour chaque canalisation partant des détendeurs secondaires des calculs analogues, ainsi que pour chaque colonne montante. Les résultats que nous obtiendrions ne seraient pas satisfaisants et pratiquement on ne calcule pas les dimensions intérieures des canalisations de chauffage à basse pression.

Il ne faut pas oublier qu'on a toujours avantage, pour la marche du chauffage, à employer de grosses canalisations. On les établit en partant de l'alimentation unitaire d'un radiateur que l'on mettra par exemple en tuyau de 21/27 pour un radiateur moyen. D'après ce point de départ et le nombre de radiateurs branchés sur une colonne montante, on déterminera le diamètre intérieur de celle-ci. Puis, en sous-sol, d'après le nombre de colonnes montantes et leurs diamètres, on donne la section voulue à la canalisation horizontale.

La tuyauterie de retour devra être toujours comptée largement. On peut prendre comme diamètre d'une colonne de retour le numéro du commerce en dessous de celui adopté pour la colonne de vapeur. Pour les tuyauteries de dimension un peu forte, le retour sera de deux numéros en dessous.

Prenons un exemple : colonnes montantes des salles à manger.

Une colonne montante de vapeur en bout du plan alimente quatre radiateurs de 4 mètres carrés chacun. Un radiateur de 4 mètres carrés étant alimenté par un tuyau de 20 millimètres intérieur, la colonne devra avoir un diamètre :

$$\frac{\pi D^2}{4} = 4 \text{ fois } \frac{\pi 20^2}{4} \qquad \text{d'où : } D = 40 \text{ millimètres.}$$

nous prendrons pratiquement du 33 millimètres intérieur pour la colonne de vapeur. Celle de retour sera de 26 millimètres intérieur.

D'une façon générale, les colonnes montantes, après l'alimentation du rez-de-chaussée et du premier étage, pourront diminuer de section pour l'alimentation des deux autres étages.

Nous ne poursuivrons pas davantage cette étude des calculs de chauffage dont le détail n'ajouterait rien aux principes et aux méthodes pratiques que nous avons voulu signaler.

DEUXIÈME PARTIE

Description de l'appareillage

Le mode de chauffage généralement employé dans les sanatoriums est le chauffage à vapeur à très basse pression.

Autrefois on avait toujours recours au chauffage à l'air chaud ou à l'eau chaude à basse, moyenne ou haute pression. Le premier de ces procédés amène souvent l'altération de l'air et offre des difficultés pratiques pour un bâtiment important. Certains vieux hôpitaux sont encore chauffés par calorifères, qui peu à peu feront place à des groupes de chaudières à basse pression.

Le mode de chauffage par l'eau chaude entraine l'emploi de tuyaux de forte dimension et d'appareils qui, par leur volume, peuvent encombrer les locaux (1).

Le principal inconvénient de ces systèmes de chauffage est la distance limitée à laquelle peut être transmise la chaleur. Il est impossible de dépasser ordinairement avec des conduits horizontaux des distances supérieures à 20 mètres pour l'air chaud et 80 mètres pour l'eau chaude.

Quelques personnes persistent à préconiser le chauffage à eau chaude : elles disent que ce mode est plus sain que le chauffage à vapeur, parce que l'air, à l'entrée des pièces, passant sur l'appareil de chauffe, n'est porté qu'à une température pour laquelle il n'est pas desséché. Cet avantage réel est pratiquement peu sensible et ne présente d'intérêt sérieux que pour les serres 2. (Il est néanmoins évident qu'au point de vue chauffage, l'air frais doit être préféré à l'air chaud, et le mieux est, comme l'indique le professeur Emile Trélat, d'habiter un local à parois chaudes et pourvu d'air relativement frais. C'est là le but à atteindre le plus possible et sans doute la cause de la réelle sensation de bien-être que procurent, malgré leurs imperfections nombreuses, les foyers à feu apparent qui agissent par rayonnement, la température de l'air intérieur restant sensiblement fraiche.)

On peut facilement transporter la vapeur à des distances considérables, atteignant jusqu'à 250 mètres.

Il y a une cinquantaine d'années, lorsque l'on songea à utiliser la vapeur pour le chauffage des locaux, l'installation générale n'était pas conçue comme elle l'est aujourd'hui.

---

(1) Les Anglais emploient presque exclusivement le chauffage à eau chaude.

(2) Lorsque le chauffage est à eau à moyenne pression, il convient de faire remarquer que la température des surfaces est alors élevée.

Nous citerons par exemple le système de chauffage établi à l'Hôtel-Dieu. sous la direction de M. Ser. La vapeur produite par des générateurs type Thomas Laurens, est détendue à l'usine et envoyée par conduite en caniveau aux différents sous-sols des pavillons. Ces sous-sols possèdent un certain nombre d'appareils de chauffe constitués par une série de tuyaux verticaux à nervures. de fort diamètre, parcourus intérieurement par une circulation d'eau (1).

Ces tuyaux reçoivent intérieurement un serpentin alimenté par la vapeur venant de l'usine. Les retours des serpentins sont pris par une conduite en caniveau.

Chaque batterie de tuyaux verticaux est entourée d'un coffre en tôle. muni de porte, qui reçoit l'air soufflé par ventilation mécanique. Cet air, au contact des tuyaux chauffés par l'eau et indirectement par la vapeur. s'échauffe à son tour et pénètre dans les salles de malades par des bouches spéciales.

La communauté de l'Hôtel-Dieu est chauffée un peu différemment. La vapeur arrive dans un serpentin de chaudière à eau: l'eau ainsi chauffée circule dans les tuyaux nervés verticaux des batteries. qui ne renferment plus alors de tuyaux de vapeur.

Ce système qui donne évidemment de bons résultats, est d'installation compliquée et coûteuse (2).

Aujourd'hui. toutes les installations de chauffage des hôpitaux se font ainsi: La vapeur circule en sous-sol dans une conduite horizontale: de cette conduite partent des colonnes montantes distribuant la vapeur aux radiateurs

______

(1) Cette circulation est obtenue par thermosiphon. Les batteries sont réunies en certain nombre par une conduite d'alimentation (en caniveau) qui communique avec les tuyaux à nervures. Au-dessus des batteries ainsi groupées se trouve un vase d'expansion, en communication avec le circuit d'eau.

(2) L'hospice d'Ivry, dont le chauffage a été établi à la même époque, possède un système à peu près analogue.

placés devant l'allège des fenêtres. L'air pénètre dans les salles par des ouvertures ménagées dans ces allèges; il s'échauffe au contact du radiateur et circule dans la salle avant de s'évacuer, comme nous le verrons dans le chapitre suivant. C'est là le type d'installation qui tend à se généraliser de plus en plus et que nous appellerons « chauffage direct ». Ce système présente l'avantage de profiter du rayonnement des surfaces de chauffe, de sorte que l'air n'est que dégourdi. Au contraire, dans le chauffage indirect, c'est-à-dire par émission d'air chauffé, l'air entre à la température nécessaire pour compenser toutes les pertes caloriques et perd ses qualités hygiéniques comme nous l'avons indiqué ci-dessus.

Il existe au sanatorium de Loslau un système assez particulier, que nous jugerons d'ailleurs lorsque nous parlerons de la ventilation, mais que nous signalons ici à titre documentaire. A Loslau, l'air filtré avant son introduction sur des cadres tendus d'étoffe molletonnée est chauffé à une température voisine de celle des locaux au moyen de tuyaux à vapeur dans des chambres spéciales aménagées dans le sous-sol du sanatorium, puis, distribué dans les corridors et de là dans les chambres vis-à-vis des poêles à eau chaude.

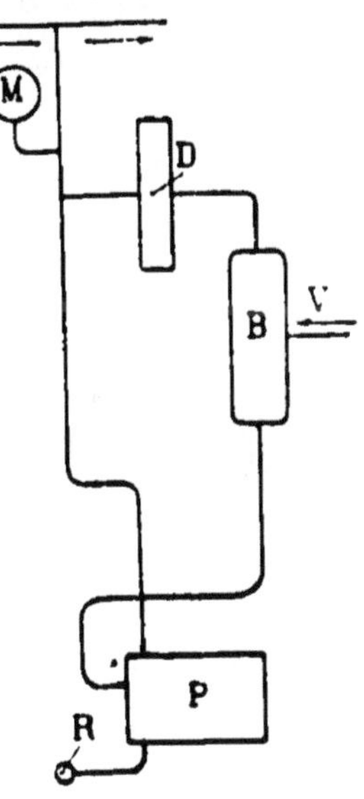

Fig. 84.

P Purgeur automatique.
B Bouteille.
D Détendeur.
V Vapeur à 2 kil.
R Retour.
M Manomètre.

Les Allemands pour éviter l'emploi du radiateur ou surface à ailettes ont eu l'idée de chauffer les salles des hôpitaux par le plancher. Cette solution, élégante théoriquement devait exclure tout lavage du plancher sous peine de production de buées plus ou moins saines pour les malades.

D'ailleurs le radiateur à surface lisse, facilement accessible, est d'un nettoyage simple et ne peut en aucune façon être un danger hygénique. Il est bien probable que le radiateur, malgré son encombrement, restera l'appareil pratique de chauffage contre le désir de quelques docteurs souhaitant un chauffage par les parois des salles.

Voici donc, résumés le plus sommairement possible, les systèmes de chauffage avec leurs avantages et leurs inconvénients qui nous ont conduit à choisir, pour notre Sanatorium, le chauffage à vapeur et particulièrement « le chauffage à vapeur à très basse pression ». Nous appellerons ainsi un chauffage dans lequel la pression de la vapeur est inférieure à 200 grammes. Dans ces conditions, l'installation présente la souplesse de marche désirable, une régulation facilement automatique en même temps qu'une grande sécurité.

Disposition générale. — Dans le cas qui nous occupe, en raison de l'importance de l'établissement, nous avons supposé un service de nuit à l'Usine et par suite la production de la vapeur du chauffage par les générateurs de l'Usine.

La vapeur à 10 kg. de pression est amenée par conduite facilement visitable au centre du pavillon principal, en A dans les sous-sols.

Sitôt son entrée et après son passage dans un séparateur d'eau, la vapeur est détendue à 2 kg., puis se distribue par l'intermédiaire d'une bouteille et de trois conduites « principales secondaires » en trois centres B ayant à fournir un nombre sensiblement égal de calories. En ces centres la vapeur est détendue à 200 grammes et répartie dans les conduites d'alimentation des colonnes montantes (voir figures hors texte).

Par cette disposition, nous divisons, en plan, notre bâtiment en trois parties alimentées chacune en son centre. Nous réduisons donc ainsi au minimum les pertes de pression dans les conduites, pertes qui seraient considérables, si, par exemple, nous avions détendu de suite la vapeur à 200 grammes à l'entrée du bâtiment pour la distribuer ensuite à l'extrémité des ailes, soit à 200 mètres; nous réduisons également les sections des canalisations au minimum et la consommation de charbon est singulièrement diminuée. Nous poserons donc comme principe que lorsqu'un bâtiment d'une certaine largeur est alimenté extérieurement, la conduite principale doit amener la vapeur au centre du bâtiment et, de là, les conduites secondaires distribueront les calories aux points extrêmes.

De la bouteille principale A partent quatre conduites: trois destinées au chauffage proprement dit et une dite « conduite spéciale » alimente directement à 2 kg. de pression les « appareils spéciaux » tels que serpentins de chauffe des réservoirs d'eau chaude, des bains, des réservoirs, des laveries pour cylindres (1) et de tous les services ayant besoin directement de vapeur: tables chaudes, éjecteur du calcinateur, etc.

Toutes ces conduites de vapeur doivent être établies avec une pente de 1 millimètre dans le sens de cheminement de la vapeur (2).

---

(1) On appelle cylindre le bassin de lavage de la vaisselle.

(2) Dans tous les tuyaux de vapeur, il circule de l'eau de condensation que la vapeur chasse devant elle. Si la conduite était en pente inverse du cheminement de la vapeur, il pourrait s'établir un équilibre entre la vitesse de l'eau et celle de la vapeur, surtout si le tube est petit. C'est pourquoi la pente doit être

A chaque détendeur et avant cet appareil, nous disposons une bouteille munie de purge qui nous permet de relever le niveau de la conduite de vapeur (voir fig. 81) et de purger l'extrémité de la conduite à 2 kilogrammes.

La base de chaque colonne montante doit être purgée de l'eau de condensation. Lorsque la hauteur manque, cette purge s'établit par purgeur automatique relié à la tuyauterie de retour d'eau. Il est préférable, lorsque la hauteur du sous-sol le permet, de produire cette purge par siphon.

Le siphon est un long tube en U reliant le bas de la colonne montante de vapeur à la tuyauterie de retour R. Or, dans la tuyauterie de retour il ne doit y avoir qu'un écoulement d'eau, c'est-à-dire que la pression atmosphérique doit y régner ; donc l'une des branches du siphon reçoit la pression atmosphérique ; l'autre, en communication avec la colonne de vapeur C, reçoit la pression de 200 grammes. Il faut donc une hauteur de siphon de 2 mètres au moins pour que l'eau de la branche b équilibre la pression de la vapeur (voir fig. 85).

Ici nous disposons d'une hauteur de 3 m. 50, donc nous pouvons facilement établir des siphons.

Les extrémités de conduites seront purgées et pour cela on peut adopter un siphon à trois branches, qui purgera à la fois l'extrémité de la conduite horizontale et la dernière colonne montante.

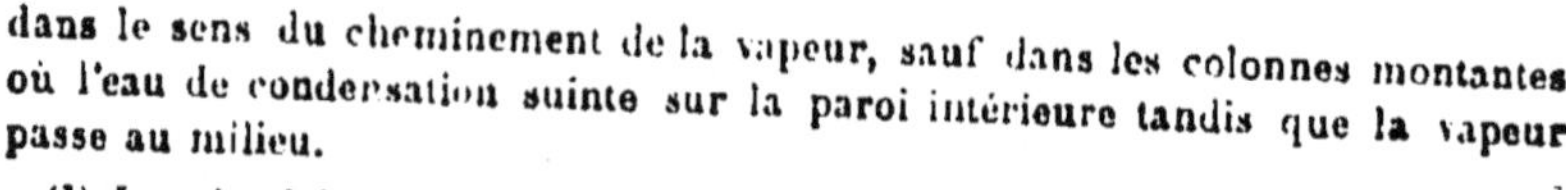
Fig. 85.

dans le sens du cheminement de la vapeur, sauf dans les colonnes montantes où l'eau de condensation suinte sur la paroi intérieure tandis que la vapeur passe au milieu.

(1) Les Anglais emploient presque exclusivement le chauffage à eau chaude.

La base des colonnes pour appareils spéciaux ne pourra être munie de siphon, la pression étant de 2 kg. dans ces conduites. La purge se fera alors par un purgeur automatique déversant dans le retour de l'appareil. Ce retour peut rejoindre les retours du chauffage, à la condition qu'à la sortie du serpentin de l'appareil du réservoir par exemple,

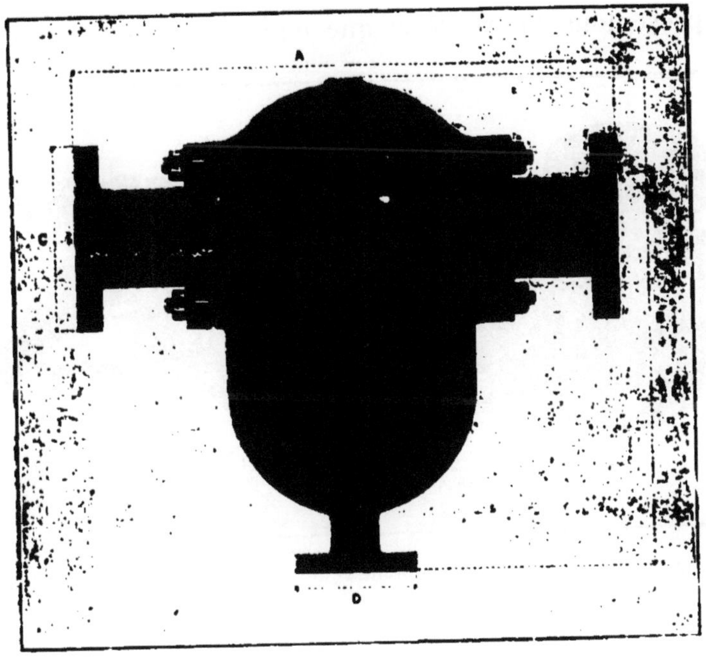

Fig. 86. — Séparateur d'eau pour canalisations de vapeur.

un purgeur n'assure aucune pression dans le retour spécial, qui doit être d'ailleurs aéré.

Afin de maintenir dans les retours la pression atmosphérique, la tête des colonnes de retour se prolonge par un petit tuyau, généralement en cuivre, qui débouche à l'extérieur.

L'eau provenant des retours du chauffage sera reçue dans une bâche en **sous-sol**.

Nous pouvons, après avoir donné les dispositions générales du chauffage, aborder dès maintenant l'étude de l'appareillage.

Détail des appareils de chauffage

Séparateur d'eau et de vapeur. — Le séparateur que nous représentons figure 86 et que nous avons indiqué sur le

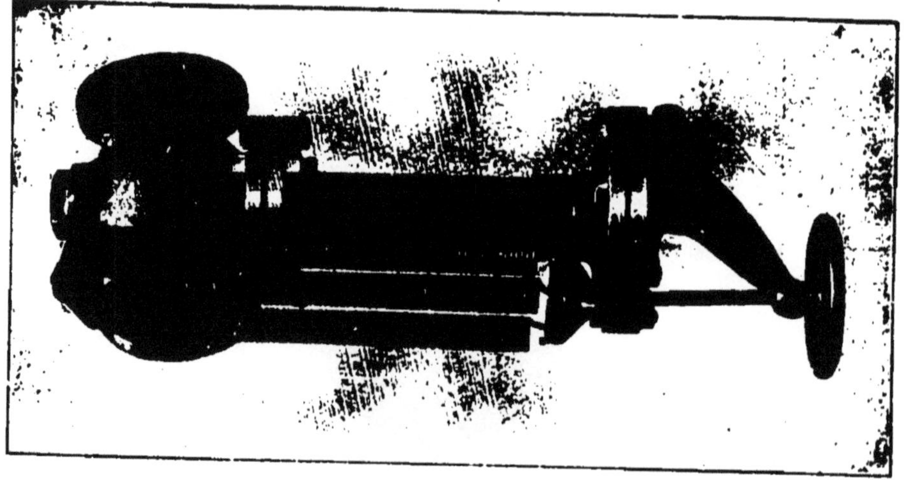

Fig. 87. — Détendeur à membrane et ressorts avec levier compensateur.

plan général des tuyauteries est destiné à recueillir l'eau condensée dans les conduites de vapeur. Son emploi est indiqué toutes les fois qu'il s'agit de placer un purgeur automatique pour évacuer l'eau condensée.

Il se compose d'une capacité en fonte munie de deux tubulures rapportées. La vapeur pénètre d'un côté, circule en se brisant sur les parois cannelées et sort par la tubulure opposée. L'eau de condensation qui tombe au fond du récipient est évacuée par un purgeur automatique raccordé à la tubulure inférieure.

Détendeurs de vapeur. — Ces détendeurs placés en A, B, B. B, doivent réduire et régulariser la pression de la vapeur.

Le détendeur que nous donnons fig. 87 et 88 est à membrane et à ressorts; c'est le type Grouvelle et Arquembourg. Il permet de maintenir absolument constante la pression de la vapeur détendue, quelles que soient les variations de pression à l'entrée ou les variations de débit dans les conduites.

Fig. 88. — Coupe de la figure 87.

La détente de la vapeur se fait au moyen d'une soupape double M (fig. 88 et 89), reliée par la tige N à une membrane P. Cette membrane supporte sur sa face supérieure la pression de la vapeur détendue qu'on équilibre au moyen d'un levier D sollicité par un ou plusieurs ressorts G qu'on tend convenablement en agissant sur le volant E.

Le tout étant réglé, si la pression de la vapeur détendue augmente ou diminue, la membrane s'abaisse ou se relève, ce qui produit la fermeture ou l'ouverture de la soupape et par conséquent la diminution ou l'augmentation de la détente.

Ces détendeurs doivent être montés de telle sorte que la vapeur entre par la tubulure en bronze L et sort par la tu-

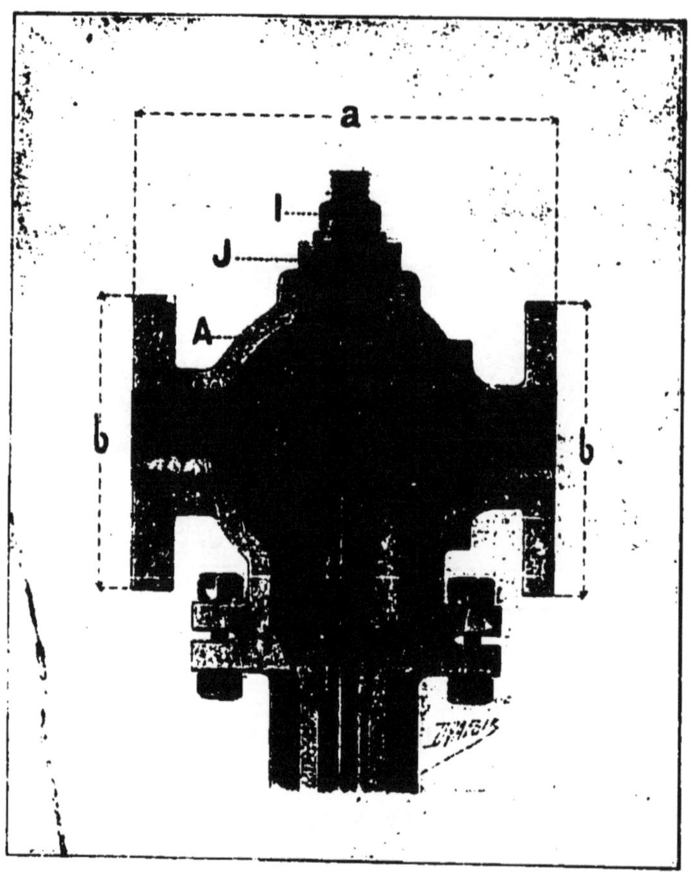

Fig. 80. — Coupe du détendeur à membrane et ressorts.

bulure en fonte A. Par suite de l'absence de frottements, le fonctionnement est très sensible.

Purgeurs automatiques. — Dans l'exposé général de l'installation, nous avons vu que, tout en cherchant à éviter l'emploi du purgeur automatique, nous étions obligé d'en prévoir sur les conduites des « appareils spéciaux ».

A titre d'exemple, nous représentons (fig. 90) un purgeur à dilatation que l'on peut employer avantageusement.

Le tube plissé T du purgeur, sous l'influence d'une élévation de température, peut obturer par une soupape qui lui est solidaire, l'orifice de purge C.

A froid, la soupape laisse ouverte la tubulure C; à la mise en marche, la vapeur chassant l'eau condensée, arrive dans le cylindre A B, le tube T s'allonge en raison de l'élévation de la température et la soupape se ferme jusqu'à ce que, la température intérieure du purgeur ayant diminué, il se produise une ouverture de la soupape permettant à l'eau de condensation de s'écouler au dehors.

On règle la position de la soupape par rapport à son siège en tournant la vis E qui termine le tube plissé, de manière à laisser couler l'eau sans excès de vapeur.

Tuyauteries. — Les tuyaux servant pour la vapeur et les retours d'eau sont en fer. Ils sont fabriqués suivant plusieurs procédés Le plus généralement ces tuyaux sont à « joint à recouvrement » le long d'une génératrice, ou à simple rapprochement soudé. Ce dernier mode de fabrication ne peut s'appliquer que pour des conduites à faible pression de vapeur.

La jonction des tuyaux bout à bout se fait par brides ou par manchons.

Lorsqu'une conduite de vapeur présente une grande longueur en ligne droite, il faut ménager sur son parcours quelques sinuosités en vue de la dilatation: une conduite de 100 mètres de longueur peut se dilater en passant de 0 à 100° de 123 millimètres, si elle est en fer. Les supports (colliers) de la conduite de vapeur doivent d'ailleurs être construits de manière à ne pas coincer celle-ci, mais à lui permettre un mouvement longitudinal facile.

Les conduites de vapeur doivent être calorifugées pour éviter une perte considérable de calories par les parois de ces conduites. Il existe trop de variétés de calorifuges pour que nous puissions les étudier ici.

Radiateurs. — La vapeur, que nous avons vu suivre les conduites en sous-sol en traversant les détendeurs, séparateurs, bouteilles, robinets, pour passer ensuite dans les colonnes montantes, arrive dans les appareils de chauffe: les radiateurs.

Nous définirons le radiateur: un appareil de chauffe placé dans les locaux, constitué généralement par des éléments en fonte groupés en certain nombre, communiquant entre eux en haut et en bas.

Ces éléments reçoivent la vapeur et fournissent la chaleur par rayonnement et convection. Pour faciliter le chauffage par convection, nous plaçons les radiateurs devant l'allège des fenêtres où se trouve ménagée une prise d'air (1).

Quelle que soit la forme que présente la surface de chauffe, cette surface doit être reliée à la conduite de vapeur par un branchement et à la colonne de retour par un autre branchement, cette colonne de retour étant comme nous l'avons dit plus haut, en communication avec l'atmosphère.

---

(1) Les premiers radiateurs étaient en fer. Les éléments étaient cylindriques et communiquaient par le bas. Pour assurer la circulation de la vapeur, chaque élément portait à l'intérieur une cloison qui obligeait la vapeur arrivant à la base d'un élément de monter d'un côté de la cloison, pour redescendre de l'autre et gagner la base de l'élément suivant. Au lieu de radiateur, on peut utiliser des surfaces à ailettes; l'entretien hygiénique en est plus difficile. En raison de leur aspect, on les entoure d'un coffre grillagé, ce qui en rend le nettoyage encore plus difficile.

L'appareil de chauffe est établi pour un écart de température imposé. Si ces conditions changent, il faut pouvoir maintenir la même température. Pour cela, dans les poêles ou calorifères, on règle la marche du foyer; dans le chauffage à eau, on peut régler la température de l'eau. Pour la vapeur, elle sera toujours amenée à une température sensiblement la même. Le réglage se fera alors en diminuant la quantité de vapeur entrant dans l'appareil, qui sera muni d'un robinet.

Les détendeurs forment robinets de vapeur, puisqu'ils

Fig. 90. — Coupe du purgeur.

permettent de régler la température extérieure. — En plus des détendeurs, des robinets placés d'une part sur les canalisations générales de distribution (robinets à la disposition du mécanicien), d'autre part, directement à l'entrée des appareils radiateurs (robinets à la disposition des occupants) permettent de compléter le réglage général obtenu par les détendeurs.

Nous représentons (fig. 91) un robinet jauge à pointeau préconisé par MM. Jules Grouvelle, H. Arquembourg et Cie. Ce robinet en bronze comprend deux parties, savoir:

Un diaphragme mobile percé d'un orifice calibré;

Un pointeau permettant de réduire jusqu'à **zéro** l'alimen**tation de la surface.**

Son principe est le suivant: La vapeur admise dans une surface doit être entièrement condensée. Pour obtenir ce résultat la vapeur pénètre dans la surface de chauffe par un orifice de section réduite disposé dans le robinet et calculé de manière à alimenter à la pression maxima de fonctionnement toute l'étendue de la surface. La vapeur fournie ainsi est complètement détendue à la pression atmosphérique, ce qui permet de mettre l'intérieur des surfaces directement en communication avec l'atmosphère par les retours, en supprimant les purgeurs d'air avec leurs inconvénients.

Le principe de ce robinet dit « à pointeau », est aussi appliqué dans le robinet « revolver », des mêmes constructeurs, qui permet de se rendre compte à première vue de son degré d'ouverture. A cet effet, le diaphragme est percé de quatre orifices (fig. 92): le plus grand a une section suffisante pour laisser passer le poids de vapeur maximum que peut condenser la surface. Les trois autres ont une section égale aux 3/4, 1/2 et 1/4 de cette section. Le volant du robinet se meut devant un index et porte les indications correspondantes aux diverses alimentations et à la fermeture du robinet. L'occupant peut donc facilement réduire le chauffage à sa convenance ou l'interrompre, sans rien changer au chauffage général.

Le réglage de la quantité de vapeur à admettre dans un radiateur peut encore se faire d'une autre manière, suivant le même principe.

Supposons que sur le branchement allant de la colonne de vapeur au radiateur nous placions un diaphragme dont l'orifice libre soit une fraction de la section du branchement. La vapeur arrive sur le diaphragme à la pression, par exemple, de 150 ou 100 grammes, mais à partir de celle-ci cette pression sera sensiblement égale à la pression at-

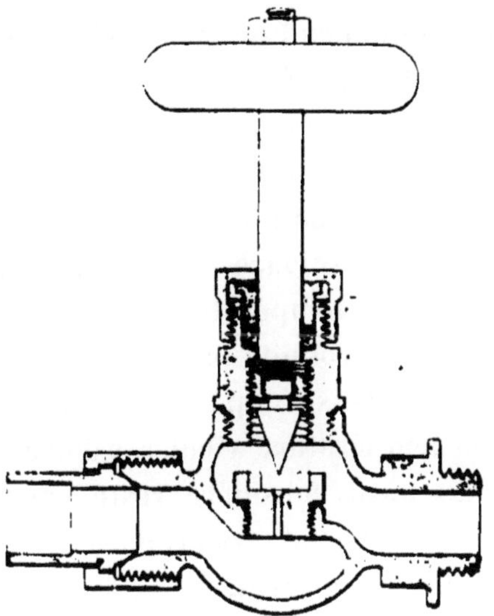

Fig. 91. — Robinet à pointeau.

mosphérique, par suite de la détente forcée de la vapeur au passage de l'orifice du diaphragme. Cette pression d'ali-

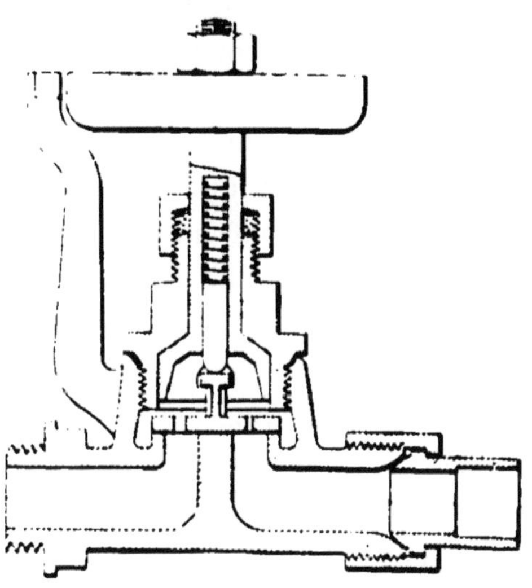

Fig. 92. — Robinet revolver.

mentation dépend de la pression dans la colonne montante et aussi du diamètre de l'orifice du diaphragme. En changeant le diaphragme, et après quelques tâtonnements, on peut donc, avec une pression initiale donnée, admettre au radiateur la quantité voulue de vapeur pour le chauffage, et comme la surface du radiateur a été calculée dans les conditions de température les plus défavorables, la quantité de vapeur introduite par le diaphragme sera complètement condensée dans l'appareil. C'est là le but à atteindre.

Si la température vient à s'élever, pour que la température du local considéré reste constante il faut diminuer la pression de la vapeur dans les colonnes montantes en laissant le même réglage, c'est-à-dire la même ouverture de diaphragme ou de robinet aux appareils. Ce sera le rôle du mécanicien qui, après s'être rendu compte de la température réglera les détendeurs en sous-sol.

Appareils de réglage. — Pour faire connaître au mécanicien la température d'une salle chauffée, on peut installer dans cette salle un thermomètre électrique à maxima et minima dont les contacts seront fixés, par exemple, un degré plus haut et plus bas que la température normale à obtenir. Les deux fils aboutiront à un tableau à deux voyants, placé dans le bureau du mécanicien. A l'aide d'un bouton placé à proximité du tableau, on peut faire passer le courant et se rendre compte facilement de la température du local chauffé.

Comme dernier appareil régulateur, nous signalerons un « régulateur automatique de la température » de MM. Jules Grouvelle, H. Arquembourg et Cie.

Supposons que les détendeurs de vapeur soient maintenus, non plus par ressort, mais par l'intermédiaire de l'air comprimé agissant sur la membrane. L'air comprimé vient au détendeur par une conduite partant d'un réservoir placé dans le local chauffé considéré. L'air est admis à ce réservoir par une canalisation principale d'air et par une résistance constituée par un tube en spirale. Le réservoir porte à sa partie supérieure un orifice fermé par une soupape dont le mouvement vertical est soumis à l'action de la tige d'un thermomètre métallique.

Si la température dans le local n'est pas atteinte, la tige du thermomètre laisse la soupape du réservoir fermée. La pression de l'air comprimé atteint son maxima dans celui-ci et vient agir sur le détendeur qui, donne à la vapeur sa pression maxima. La température des locaux s'élève, et au moment d'atteindre la normale, la lance du thermomètre lève la soupape du réservoir, et comme la quantité d'air fournie au réservoir est limitée par la résistance, la pression s'abaisse, faisant baisser en même temps la pression de la vapeur et par suite la quantité de chaleur fournie par les radiateurs.

Ces systèmes de régulation automatique sont d'une conception théorique très intéressante. Toutefois, comme leur prix d'installation est à considérer, leur application est assez limitée et on se contente le plus souvent de laisser la régulation du chauffage au mécanicien.

CHAPITRE VI

Ventilation

La ventilation des locaux tels que les hôpitaux, écoles, théâtres, est une question difficile à résoudre, et quel que soit le système employé, il faut subir quelques inconvénients propres à chaque mode de ventilation.

Nous avons déjà indiqué dans le premier chapitre les quantités d'air nécessaire dans les hôpitaux par personne et par heure, et nous avons vu aussi que le cube des pièces est établi avec ces données.

La distribution et le renouvellement de l'air à l'intérieur des locaux sont déterminés facilement en raison du nombre des individus qui les occupent et aussi de l'état de santé de ceux-ci.

Étude des différents modes de ventilation. — Les différents systèmes de ventilation actuellement en usage peuvent se diviser nettement en deux classes, l'une appliquant la ventilation naturelle, l'autre la ventilation artificielle.

La ventilation naturelle est certainement la plus efficace, elle s'effectue par l'ouverture des fenêtres et des portes toutes les fois que cela est possible. Elle a l'avantage de ne rien coûter.

Les inconvénients de cette ventilation sont l'irrégularité et l'insuffisance dans les grands locaux. On lui reproche encore de produire une action trop violente en laissant entrer un volume d'air plus foid sur les habitants des locaux. On évitera ceci, tout en se mettant à l'abri des courants d'air froid en établissant la ventilation naturelle par des châssis ouvrants dans la partie supérieure des fenêtres ; ces châssis étant munis de joues latérales, l'air frais ne peut tomber directement sur les malades et leur être nuisible.

On peut encore appeler ventilation naturelle l'aération obtenue en garnissant de vitres ou panneaux perforés les impostes des fenêtres et les parois directement opposées aux baies. Ces vitres ou panneaux sont percés d'une grande quantité de trous coniques établissant une communication permanente entre l'intérieur des salles et l'atmosphère en supprimant les courants d'air gênants ; des châssis pleins, mobiles, doublent ces vitres perforées et permettent de faire varier l'importance des orifices d'aération selon la température extérieure ou la force du vent.

Enfin, même lorsque le système adopté n'est pas la ventilation naturelle, il se produit toujours une rentrée d'air extérieur par l'ouverture des portes et par les fissures des menuiseries des fenêtres. Cette quantité d'air entrant ainsi n'est pas négligeable, si l'on songe, que par mètre de fissure on peut compter 5 mètres cubes d'air entrés par heure.

Lorsque les bâtiments que l'on a en vue sont importants, c'est-à-dire lorsque le nombre de mètres cubes à renouveler par heure dans l'établissement est un chiffre élevé, la ventilation artificielle peut s'appliquer plus efficacement.

La ventilation artificielle consistant à mettre l'air en mouvement et à le distribuer dans les locaux est obtenue par plusieurs procédés ; les uns, désignés sous le nom de moyens physiques, sont basés sur la diminution de densité de l'air qu'on chauffe, d'où résulte une force ascentionnelle utilisée à la ventilation ; les autres, appelés moyens mécaniques, s'appuient sur l'emploi d'appareils, tels que ventilateurs, pompes à air, etc.

Dans les deux cas, on peut agir soit par appel, soit par insufflation.

La ventilation s'effectue toujours à l'aide de gaines à l'intérieur des murs ou des planchers et aboutissant d'une part à l'extérieur, d'autre part, au ventilateur ou à la cheminée d'appel.

Donc, dans chaque pièce, il faut deux ouvertures; l'une en communication avec l'extérieur, l'autre en rapport avec l'évacuation. Lorsque la ventilation s'effectue par aspiration, l'entrée d'air se fait directement dans la pièce par une ouverture dans l'allège des fenêtres, derrière les radiateurs; l'évacuation a lieu par gaine, aboutissant au ventilateur ou cheminée d'appel.

Lorsque la ventilation a lieu par insufflation, le ventilateur prend l'air extérieurement et le souffle dans les pièces par l'intermédiaire de gaines. Souvent, dans ce cas, l'air est chauffé par un passage sur des batteries avant son envoi dans les gaines.

La ventilation par aspiration ou par appel s'établit facilement, elle permet une admission d'air très pur, l'air vicié seulement passant dans les gaines. L'air se chauffe modérément au contact avec le radiateur à son entrée dans la pièce, le radiateur fournissant par rayonnement le surplus nécessaire de calories, de sorte que l'air n'est pas désséché, ce qui arriverait s'il devait fournir toutes les calories. L'inconvénient du système est de produire dans les locaux une dépression sensible, qui facilite une rentrée d'air froid extérieur par les moindres fissures des portes et des fenêtres. Malgré ce désavantage ce système a été employé; nous citerons par exemple la ventilation de l'Hôtel de Ville de Paris (locaux du sous-sol), de l'Hôtel des Postes, de l'hospice de Ferraré à Clamart, de l'Ecole centrale des Arts et Manufactures (salles d'examens, laboratoires, salles d'élèves, couloirs), du lycée Janson de Sailly, du collège Rollin, du théâtre de l'Opéra Comique, etc.

L'aspiration peut se faire, comme nous l'avons vu, par moyens physiques ou par action mécanique.

Les moyens physiques peuvent servir dans l'emploi d'une ou plusieurs cheminées d'appel avec un foyer spécial déterminant un appel dans les gaines de ventilation. Au lieu d'un foyer à combustion, on peut employer, pour le même objet, des surfaces chauffantes à vapeur ou à eau chaude ou encore des rampes à gaz. Toutes les fois qu'il y a possibilité, on utilise pour l'appel, les conduits de fumées existants (1).

Dans la ventilation par insufflation, le gros inconvénient est le passage de l'air, avant son entrée dans les locaux habités, dans les gaines plus ou moins propres, se remplissant facilement de poussières pendant les arrêts et donnant ainsi aux individus un air impur à respirer. L'avantage du système est de produire dans les locaux une légère surpression qui évite toute rentrée d'air extérieur par les fissures. C'est le procédé appliqué dans quelques hôpitaux à Paris (2) et dans les édifices suivants : Hôtel de Ville de Paris (bureau du rez-de-chaussée, service financier, conseil municipal, service du Préfet, salons), Nouvelle Sorbonne, Théâtre de Genève, Théâtre de la Monnaie, à Bruxelles, etc.

Enfin, on peut établir une ventilation mixte par insufflation et par aspiration.

Nous avons passé en revue les différents moyens de ventilation des locaux et nous avons noté les avantages et les in-

(1) Il existe dans plusieurs hôpitaux : Hôtel-Dieu, Lariboisière, des cheminées de ce genre qui avaient été construites en vue de la ventilation des salles de malades.

(2) Hôtel Dieu (voir antérieurement la disposition générale du chauffage de cet hôpital), Lariboisière.

convénients de chacun d'eux. Nous pouvons conclure qu'aucun n'est parfait, mais comme il est nécessaire de ventiler il faut choisir. Avant, examinons ce qui s'est fait dans quelques sanatorium, déjà construits.

La plupart se contentent en toute saison de la ventilation naturelle par les fenêtres et les vasistas, qui sont toujours largement ouverts.

A Grabwosee, l'air frais est pris directement à l'extérieur; il s'échauffe sur les radiateurs après son entrée par des ouvertures ménagées près de ceux-ci; l'air vicié s'échappe par des gaines s'ouvrant à peu de distance au-dessus du sol (ceci afin d'éviter la formation d'une couche d'air froid qui se formerait sur le plancher si l'évacuation était en haut) (1). Ces gaines se réunissent par l'intermédiaire de gaines établies sous le sol des corridors à un vaste conduit d'évacuation chauffé par la cheminée des chaudières à vapeur.

A Loslau, l'air extérieur, filtré avant son introduction sur des cadres d'étoffe molletonnée, est chauffé sur des batteries aménagées en sous-sol du sanatorium, puis distribué dans les corridors et de là dans les chambres vis-à-vis des poêles à eau chaude. L'air vicié s'échappe par des gaines débouchant près du plancher et près du plafond des pièces (2).

Cet exposé rapide et les quelques observation que nous avons jugé bon de faire au courant de ce début, montrent

(1) L'inconvénient des sorties d'air par le bas des pièces est de mélanger l'air pur à l'air vicié. C'est pourquoi il est parfois préférable d'évacuer l'air par le haut des pièces.

(2) Dans ce procédé, le filtrage de l'air est toujours illusoire, car les filtres s'encrassent et l'air qui passe dessus ne se purifie plus, au contraire. Il faut alors renouveler souvent les filtres et les tenir dans un état parfait de propreté. Il y a encore un point faible, c'est la non possibilité de nettoyer les gaines d'admission d'air aux pièces.

bien que la question de la ventilation est complexe. Nous ne voulons pas nous étendre plus longuement sur cette étude des procédés qui peuvent s'employer, et nous fixerons dès maintenant le choix que nous avons fait pour notre Sanatorium.

Disposition adoptée. — La ventilation la plus efficace et la plus simple aurait été évidemment celle obtenue par vasistas à joues ouvrant dans le haut des fenêtres. C'est à notre avis le procédé le plus pratique et le meilleur. Néanmoins, en raison de l'importance des locaux, nous avons établi pour le service d'hiver une ventilation mécanique par aspiration : l'air neuf entre derrière les radiateurs et l'air vicié est évacué sous l'action d'un ventilateur par des gaines débouchant en haut des pièces.

Les entrées d'air dans les pièces se feront par des ouvertures dont on peut calculer la section en raison du cube d'air à introduire par heure et en admettant une vitesse d'environ 0 m. 80. Souvent ce calcul donne des résultats peu pratiques, aussi se contente-t-on souvent de prévoir des entrées d'air de la dimension d'une brique, et munies de grille d'obturation. Les conduits de départ d'air ménagés dans l'épaisseur des murs pourront se faire en poterie et leur section se calculera en admettant une vitesse de 5 mètres environ.

Ces conduits verticaux communiquent à chaque étage avec les locaux à ventiler. Ils devraient donc au quatrième étage être de section plus forte qu'au départ du rez-de-caussée, puihsqu'il y a un plsu grand volume d'air en cet endroit. Si la gaine était ainsi construite, c'est-à-dire avec des sections croissantes, il y aurait tendance à un excès vers le quatrième étage. C'est pourquoi (et aussi pour simplifier la construction), nous avons adopté des gaines de section uniforme et on réglera l'aspiration, pour qu'elle soit identique aux quatre étages, en plaçant à l'ouverture des gaines dans les locaux, des grilles présentant plus de résistance au passage de l'air au fur et à mesure que l'étage est plus près du ventilateur placé dans les combles.

Ces gaines verticales aboutissent dans les combles à un certains nombre de circuits ou conduits horizontaux. Chaque circuit ayant son ventilateur a été calculé de façon à avoir le même débit ou sensiblement. Nous croyons inutile d'insister d'avantage sur l'installation de ces ventilateurs et gaines dans les combles. nous nous bornerons à donner le tableau de groupement en circuit, qui montre que la ventilation du bâtiment d'administrés se trouve obtenue par douze ventilateurs d'un débit maximum de 15.000 mètres cubes.

Nombre de VENTILATEURS (1)	DÉSIGNATION DES LOCAUX	Nombre de MÈTRES CUBES à l'heure
1	Salles à manger..........................	10.000
*1	Un escalier, galerie et moitié du vestibule.	10.500
1	Grand salon et petits salons.............	15.000
*1	Billard, escalier du docteur, visite et moitié du couloir des chambres........	9.000
*1	six chambres de trois personnes et ux chambres de deux personnes..........	9.000
*1	Chambres d'une personne et le service : lingerie, gardien, W.-C., bains, couloir, escalier..............................	7.600
*1	Moitié du couloir des chambres, escalier de l'interne, entrée, tisannerie, laverie, chambre, bureau......................	6.500

(1) Les chiffres précédés d'un astérisque désignent ceux des ventilateurs qui ont leur symétrique par rapport à l'axe du bâtiment.

Calcul d'un ventilateur. — Choisissons par exemple un des ventilateurs devant débiter normalement 9,000 mètres cubes à l'heure. L'air des locaux ventilés est pris par huit conduits verticaux de 20 mètres de longueur et d'une section de 30 centimètres sur 30 centimètres, ce qui donne une vitesse de 3 m. 40 dans ces conduits.

Ces gaines verticales aboutissent à une conduite horizontale ayant 30 mètres de longueur et aboutissant au ventilateur. L'air sort directement sur le toit par la buse du ventilateur.

Calculons la pression nécessaire, nous avons :

$$v = \sqrt{2gh} = \sqrt{2g\,\frac{E}{d}}$$

E étant la charge exprimée en mètres d'eau de densité de l'air par rapport à l'eau, soit 0,001293.

Nous tirons :

$$\frac{d\,v^2}{2g} = E$$

Ceci est la pression ou charge pour maintenir la vitesse de l'air, sans tenir compte des pertes dues aux conduites.

Pour tenir compte de ces pertes qui sont dues au frottement, aux diminutions et augmentations de sections, aux coudes, il faut ajouter une certaine charge que nous nous proposons de calculer.

La pression sera donc :

$$H = E + v' + v'' + v'''$$

$$H = \frac{d\,v^2}{2g}\,(1 + v' + v'' + v''')$$

car v', v'', v''' sont de la forme :

$$r\,\frac{d\,v^2}{2g}$$

Pour connaître les résistances d'un circuit d'aérage, calculons la résistance opposée par une gaine verticale.

Elle se compose de r_1 résistance due aux frottements, de r_2 due aux diminutions de sections, de r_3 due aux augmentations de sections et de r_4 due aux changements de direction.

$$r_1 = \frac{KXL}{\Omega}$$

K Coefficient $= 0,015$
X Périmètre $= 1\,\text{m}.20$
L Longueur de la gaine $= 20$ mètres.
Ω Section $= 0\,\text{mq}.\,090$

$$r_1 = \frac{0,015 \times 1,20 \times 20}{0,090} = 4$$

Les pièces à ventiler communiquent avec une gaine verticale par des petits conduits horizontaux de 20 centimètres de long et dans lesquels se trouvent des grilles. Ces petits conduits constituent un véritable faisceau tubulaire. La perte de charge est donc égale à la perte dans un seul conduit.

La résistance se compose:

1º De la résistance par diminution de section dans le conduit;

$$r_2 = \left(\frac{1}{\varphi_2} - 1\right) \qquad \varphi_2 = 0,90 \qquad r = 0,23$$

2º De la résistance par diminution de section due à la grille : $r_3 = 0,23$;

3º Du frottement dans la grille et le conduit (négligeable);

4º De la résistance par augmentation de section après le passage de la grille.

$$r_4 = \left(\frac{\Omega}{\omega} - 1\right)^2$$

$$\frac{\Omega}{\omega} = \frac{3}{2} \qquad r_4 = 0,25$$

5º Enfin l'augmentation des sections du petit conduit horizontale et verticale.

$$r_2 = \left(\frac{\Omega}{\omega} - 1\right)^2$$

$$\frac{\Omega}{\omega} = 2 \text{ en moyenne} \qquad r_2 = (2 - 1)^2 = 1$$

Quant aux changements de directions, nous pouvons en compter 1 pour l'ensemble des 4 prises.

Nous aurons alors:

$$r_4 = \mu \qquad \mu = m \sin^2 \alpha = 0,984$$

$r_4 = 1$ sensiblement.

Pour l'ensemble des gaines verticales, nous aurons donc une résistance:

$$R_1 = 8 \ (1 + 1 + 0,25 + 0,23 + 0,23 + 4) = 53,58$$

La résistance due à cette conduite principale sera:

$$\frac{KLX}{\Omega} + 4 \times 0,984 = \frac{0,015 \times 30 \times 3,40}{0,70} + (4 \times 0,984) = 6,2$$

Nous ajouterons la résistance due au changement de direction à l'entrée des gaines dans la conduite principale, et nous aurons:

$$R = 60$$

$$H = \frac{dv^2}{2g} \ (1 + 60) = \frac{0,001293 \times 29,16}{2 \times 9,81} \times 60 = 0 \text{ cm. } 12$$

Le travail du ventilateur sera:

$$T = Q H$$

$$T = 0,12 \times \frac{9000 \times 1000}{3600} = 300 \text{ kilogrammètres}$$

soit 4 HP.

En tenant compte du rendement du ventilateur, nous pouvons adopter une force de $\frac{4,00}{0,7} = 6$ chevaux.

La ventilation consommera donc environ 70 chevaux au maximum.

Le calcul précédent ne se fait généralement pas dans la pratique. Le débit et la dépression voulus permettent de choisir le ventilateur approprié.

TABLE DES MATIÈRES

INTRODUCTION HISTORIQUE

Pages.

La tuberculose. — État actuel de la question. 11
Les sanatoriums allemands. 13

CHAPITRE PREMIER

DESCRIPTION ET HYGIÈNE GÉNÉRALE

Emplacement des sanatoriums. 19
Disposition générale des bâtiments. 20
Pavillon des administrés. 23
Services généraux. 28
Cuisines 28
Les cuisines à vapeur. 30
Buanderie 34
Traitement du linge. 34
Essangeage, lessivage, lavage et rinçage. 37
Méthode américaine. 38
Cuvier 39
Rinçeuse. 43
Machine à laver. 44
Essorage, séchage, repassage. 49
Essoreuse. 50
Séchoirs. 52
Foyers à étages. 54
Machines à sécher le linge et à repasser. 56
Lingerie. 60
Bains. 60
Infirmerie. 64
Salles d'opérations. 65
Stérilisateurs d'eau pour salles d'opérations. 67
Stérilisateurs pour instruments de chirurgie et pour pansements. . . 72
Pharmacie. 75
Service des morts. 76

CHAPITRE II

USINE ET ÉCLAIRAGE

Utilité d'une usine centrale. 77

Pages.

Énergies nécessaires aux différents services.   80
Calculs des moteurs et des chaudières.   82
Dispositions intérieures de l'usine.   84
Calcul de la cheminée.   86
Éclairage électrique.   93
Choix des dynamos et de la distribution.   94
Schéma de la distribution adoptée.   96
Tableau de distribution.   97
Distributions pour lampes a arcs. 101
Étude des canalisations. 103
Dispositions pour obtenir un voltage constant. 104
Calcul d'un circuit. 106

<h3 style="text-align:center">CHAPITRE III</h3>

<h2 style="text-align:center">DÉSINFECTION</h2>

Trémie à linge sale. — W.-C., lavabos, disposition de ces locaux. . 110
Lavabos spéciaux pour salles d'opérations. 111
Stérilisation des déjections. 113
Méthodes employées à Gralowsee. 113
Méthodes employées à Sulzhayn. 114
Appareil clarificateur et calcinateur du docteur Bréchot. 116
Fours à ouate. 120
Crachoirs. 123
Crachoirs sans effet d'eau. 123
Crachoirs à effet d'eau. 124
Crachoirs portatifs. 124
Stérilisation des crachoirs. 124
Désinfection des locaux. 125
Pulvérisateur portatif. 125
Étuves à désinfection. 126
Description de l'étuve ordinaire. 127
Disposition des locaux de l'étuve. 127
Étuve à vapeur fluante. 129
Laveuse-désinfectueuse. 132
Désinfection au formol. 137
Appareil producteur de vapeurs de formol. 139

<h3 style="text-align:center">CHAPITRE IV</h3>

<h2 style="text-align:center">ALIMENTATION D'EAU</h2>

Alimentation de la ville de Varsovie. 141
Bâtiment des pompes. 142
Consommation d'eau dans un établissement hospitalier. 142
Calcul des pompes. 144
Description générale de l'installation hydraulique. 145
Conduite de refoulement. 164

Pages.

Calcul du diamètre de la conduite. 147
Réservoirs. 149
Stérilisation de l'eau d'alimentation. 151
    Filtrage au sable. 153
    Filtrage à travers la porcelaine. 154
    Procédés chimiques. 155
    Stérilisation par la chaleur. 156
    Stérilisation sans pression à haute température. Appareil Salvator. . 157
    Stérilisateur à ozone. 161
    Disposition des locaux. 162
Distribution de l'eau stérilisée. 167
    Réservoirs compresseurs. 169
    Système automatique d'arrêt. 169

CHAPITRE V

CHAUFFAGE

Calculs. 170
    Température des locaux. 170
    Coefficients admis. 171
    Tableau résumé des calculs des calories perdues. 174
    Consommation de charbon due au chauffage. 182
Description de l'appareillage. 186
    Divers modes de chauffage adoptés dans les sanatoriums. 187
    Disposition générale adoptée dans notre établissement. 190
    Séparateur d'eau et de vapeur. 194
    Détendeur de vapeur. 195
    Purgeurs automatiques. 196
    Tuyauteries 197
    Radiateurs. 198
    Appareils de réglage. 202

CHAPITRE VI

VENTILATION

Éude des différents modes de ventilation. 204
Disposition adoptée pour le pavillon des administrés. 209
Calcul d'un ventilateur. 211

FIN

Imp. J. Dumoulin, rue des Grands-Augustins, 5, à Paris.

LÉGENDE

A Pavillon des Administrés.
B Parc.
C Administration.
D Gardiens.
E Cuisine.
F Usine.
G Infirmerie.
H Bains.
I Lingerie.
J Pharmacie.
K Buanderie.
L Remise, Écurie, Bactériologie.
M Chapelle.
N Service des morts.
O Bâtiment des pompes.
P Réservoir.

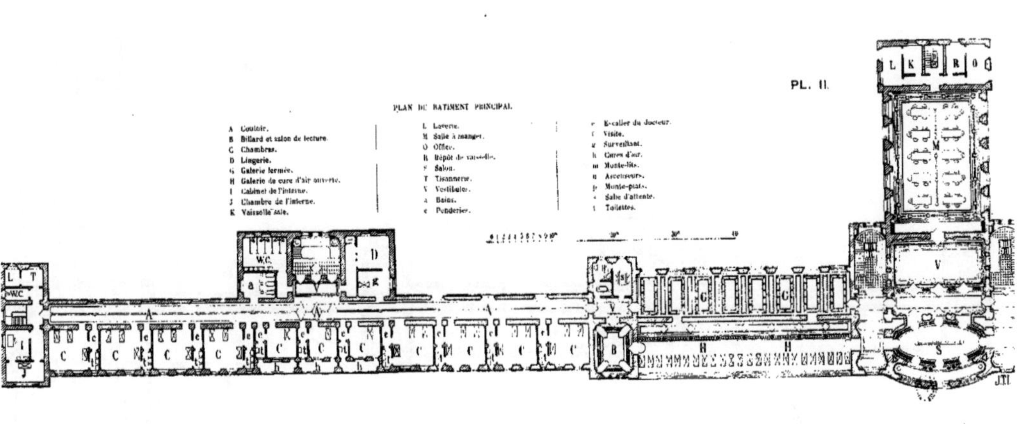

PL. II.
PLAN DU BATIMENT PRINCIPAL.
A Couloir.
B Billard et salon de lecture.
C Chambres.
D Lingerie.
G Galerie fermée.
H Galerie de cure d'air ouverte.
I Cabinet de l'interne.
J Chambre de l'interne.
K Vaisselle sale.
L Laverie.
M Salle à manger.
O Office.
R Dépôt de vaisselle.
S Salon.
T Tisannerie.
V Vestibule.
a Bains.
c Penderie.
e Escalier du docteur.
f Visite.
g Surveillant.
h Cures d'air.
m Monte-lits.
n Ascenseurs.
p Monte-plats.
s Salle d'attente.
t Toilettes.

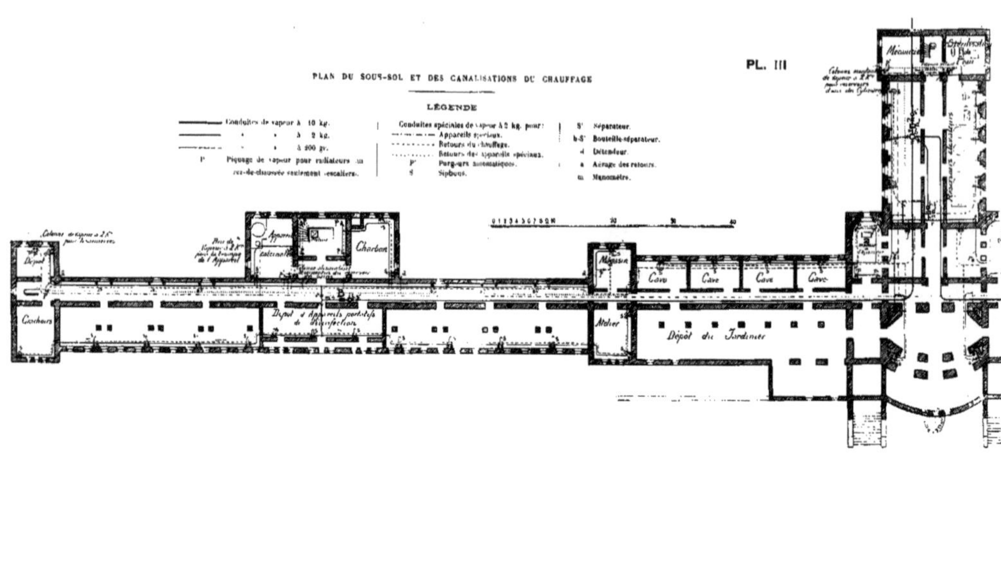

PL. III
PLAN DU SOUS-SOL ET DES CANALISATIONS DU CHAUFFAGE
LÉGENDE
Conduites de vapeur à 10 kg.
» » à 2 kg.
» » à 200 gr.
P Piquage de vapeur pour radiateurs au rez-de-chaussée seulement (escaliers).
Conduites spéciales de vapeur à 2 kg. pour:
Appareils spéciaux.
Retours du chauffage.
Retours des appareils spéciaux.
P Purgeurs automatiques.
S Siphons.
S Séparateur.
b-S Bouteille-séparateur.
d Détendeur.
a Aérage des retours.
m Manomètre.
Dépôt
Cachots
Appareil calcinateur
Charbon
Dépôt d'appareils portatifs de désinfection
Magasin
Cave Cave Cave Cave
Atelier
Dépôt du Jardinier
Mécanique

CETTE MICROFICHE A ETE.

REALISEE PAR LA SOCIETE

M S B

1992